南京水利科学研究院出版基金资助

水下基础检测与评价技术

邓 昌 宋迎俊 元 松 贾海磊 著

东南大学出版社
SOUTHEAST UNIVERSITY PRESS
·南京·

内 容 提 要

本书论述了水下基础检测方法和安全评价相关的技术问题，内容包括水下基础的典型病害特征、工程中常用的水下检测技术介绍与比较分析、桥梁技术状况评估规范及水下结构状况评估、水下工程结构检测与评定方法、水下检测现场安全管理和水下检测与评价工程应用案例，附录部分为桥梁基础水下检测评估指南。

本书的主要读者对象是从事水下检测与评价的技术人员，也可供水利、桥梁、港口码头工程的工程管理人员、科研人员及相关专业高等院校师生参考应用。

图书在版编目（CIP）数据

水下基础检测与评价技术 / 邓昌等著． -- 南京：
东南大学出版社，2024.3
    ISBN 978-7-5766-1179-3

Ⅰ．①水… Ⅱ．①邓… Ⅲ．①水下建筑物-检测
Ⅳ．①TU289

中国国家版本馆 CIP 数据核字（2023）第 250740 号

责任编辑：杨 凡　　责任校对：韩小亮　　封面设计：毕 真　　责任印制：周荣虎

水下基础检测与评价技术
Shuixia Jichu Jiance Yu Pingjia Jishu

著　　者	邓　昌　宋迎俊　元　松　贾海磊	
出版发行	东南大学出版社	
出 版 人	白云飞	
社　　址	南京市四牌楼 2 号　邮编：210096	
网　　址	http://www.seupress.com	
经　　销	全国各地新华书店	
印　　刷	广东虎彩云印刷有限公司	
开　　本	700 mm×1000 mm　1/16	
印　　张	11	
字　　数	249 千字	
版　　次	2024 年 3 月第 1 版	
印　　次	2024 年 3 月第 1 次印刷	
书　　号	ISBN 978-7-5766-1179-3	
定　　价	69.00 元	

前　言

Preface

　　水下基础为隐蔽工程，其病害往往难以及时发现，同时其病害的发展对结构安全十分不利。为了及时发现水下基础病害并评价其对结构安全的影响，定期开展水下结构检测与评价对于结构安全运行具有重要意义。本书以笔者以往的水下检测与评价科研成果和工程经验总结为基础，现经全面整理正式出版，供水下检测与评价技术人员参考应用。

　　水下基础结构病害检测的内容主要包括结构物的破损、腐蚀、变形、基础冲刷等方面。水下基础结构的检测技术主要包括声呐探测、潜水员观察探摸、遥感技术、无人潜水器检测和水下摄像。本书在总结水下基础典型病害分析、水下检测技术分析、水下结构状况评估技术的基础上，通过实际工程应用案例论述了水下结构检测与评价技术。

　　全书共 8 章。第 1 章介绍水下检测技术的特殊性、难点以及国内外发展现状。第 2 章介绍水下基础典型病害特征，分别对水下混凝土构件病害、水下砌体结构病害、河床冲刷病害进行了详细论述，并分析了不同病害对结构安全的影响。第 3 章介绍人工目视与水下摄像技术、水下声呐检测技术、水下激光成像技术等，并分析不同检测技术的优缺点及其适用范围。第 4 章介绍桥梁技术状况评估规范和水下结构状况评估研究现状，讨论了桥梁水下结构病害的分级评定标准。第 5 章介绍桥梁水下结构服役状况评估技术，结合目前实际工程情况，总结了不同基础型式的病害分级评定标准，并给出了综合评分评价方法。第 6 章介绍船闸、码头水下结构检测与评定技术，混凝土结构缺陷检测与评估技术。第 7 章介绍水下检测现场安全管理的目标与措施、安全管理体系、组织机构与职责、安全危险源辨识、安全保障措施、安全生产监督措施、安全应急预案、应急物资配置和安全检测保证制度。第 8 章介绍扬中大桥、某跨海大桥和滴水湖大桥水下检测与评价全过程，通过实际工程案例介绍水下检测与评价技术方案与成果。

1

本书引用和参考了南京水利科学研究院相关研究人员、国内兄弟单位的同行及专家学者的论文和研究报告，顾培英正高级工程师对本书原稿的编写提供了现场水下检测资料。大多数参考文献列于书后，由于参考资料较多，未能一一列尽，请见谅！对有关著者的贡献，作者深表谢意！本书的编写和出版还得到南京水利科学研究院出版基金的资助，在此一并表示衷心的感谢！

著　者

2023 年 10 月于南京

目　录

Contents

I

第 1 章

绪　论

1.1 　　　　　　　　　　　　　　　　　　　　水下检测技术

　　水下基础是各类水利工程、海洋工程、桥梁工程等重要基础设施的关键组成部分。作为建筑结构的重要组成部分，水下基础所处环境比陆上更加复杂恶劣，除了承受上部结构传来的荷载，还长期承受波浪、海流等随机荷载的作用，加之环境与水生物的侵蚀，这些恶劣的使用条件会对水下基础造成各类损伤缺陷，且这些损伤、缺陷的萌生与扩展速率远高于陆上结构物。这些损伤和缺陷如果早期未能发现，就可能发展成为危险的故障，从而使工程结构的安全可靠性受到严重的威胁。水下基础设施的运行环境复杂多变，且易形成各种病害，其一旦失效，直接、间接经济损失不可估量，社会影响深远。

　　水下基础结构位于水下，其运行环境受到水流、水温、水质等多种因素的影响。其中，水流的冲击力会对水下基础造成物理性的损伤，水温的变化会影响基础结构的材料性能，北方地区水位变动区的混凝土结构经常发生冻融破坏。水体中的酸碱性物质会加速水下基础结构的腐蚀过程，特别是靠近海洋环境的氯离子腐蚀尤其显著。此外，地质条件、生物侵蚀、人为因素等也会对水下基础设施的运行环境产生影响。由于运行环境的复杂性，水下基础结构在运行过程中，往往会出现裂缝、渗漏、腐蚀、磨损等各种病害，这些病害一旦形成，不仅会影响基础结构的正常运行，还可能引发基础设施的突发事故。水下基础结构的病害对社会经济发展的危害巨大，还可能引发重大事故，造成人员伤亡和财产损失，对社会稳定产生极大的负面影响。

　　水下基础结构病害检测的内容主要包括结构物的破损、腐蚀、变形、基础冲刷等方面。结构物的破损是指由于外力作用或自然因素导致结构物损坏或破裂，如裂缝、断裂等。腐蚀是指结构物长期受到腐蚀而引起的金属腐蚀和混凝土侵蚀等问题。变形是指结构物在使用过程中由于荷载作用等原因而发生的形状和尺寸的变化，如挠度、变形等。这些病害对水下基础结构的安全性和稳定性造成了严重的威胁，因此需要通过检测技术及时发现和修复。

水下基础结构的检测技术主要包括声呐探测、潜水员直接观察、遥感技术、无人潜水器检测和水下摄像等。声呐探测是利用声波反射的原理，通过测量声波在水中的传播时间和强度，获取结构物表面的信息，其优点是能够穿透水体进行检测，但由于声波在水中传播时的衰减和散射，其检测距离和分辨率有限。潜水员直接观察是最直观的检测方式，但由于水下环境恶劣，潜水员的安全难以保证，工作效率也不高。遥感技术和无人潜水器检测则是近年来发展较快的技术，它们可以在不直接接触结构物的情况下，获取结构物的表面信息和内部结构信息。遥感技术是利用遥感设备获取水下结构物的图像和数据，并通过图像处理和数据分析来评估结构物的状况。遥感技术可以实现大范围的快速检测，但由于水下环境的复杂性，其分辨率和准确性仍存在一定的局限性。

与陆上结构检测工作相比，水下检测工作更具有其特殊性。水下基础的检测中，检测人员因受到诸多条件和因素的限制不能像在陆地一样自由地活动，此外还受到水深、水温、能见度、波浪、潮汐、涌浪、水生物与沉积物等因素的影响，如水下与陆上的准备、水下与陆上的配合、水下检测与陆上配合记录等诸环节以及水下检测人员自身、水下环境、水下检测设备等诸多特殊因素的影响，检测工作的可靠性和稳定性往往难以保证。然而水下基础结构的受力状况和使用条件相比陆上更加恶劣，对检测成果的要求更高，检测成果的偏差或遗漏将严重影响结构安全评价的真实可靠性。

因此，对水下基础结构的运行环境、易形成的病害及其检测方法进行深入研究，是当前社会发展的重要课题。通过科学的研究，我们可以更好地理解和预测水下基础结构的病害，从而制定出有效的检测方案和防治措施，保障水下基础设施的正常运行。为了确保水下基础结构的完整性和安全可靠性，保证人员财产的安全和基础设施的安全运行，保护国家的巨额投资，必须对水下基础结构进行定期与不定期的检测、评价与维修。

1.2   国内外发展概况

1.2.1   国内研究现状

桥梁结构水下检测技术发展历程不长,近年来国内外关于水下检测技术交流逐渐发展起来,出现了较多系统性的课题研究成果。1997、1998 年上海交通大学的程志虎[1-6] 对水下无损检测技术应用与研究现状和趋势进行了系统的介绍与分析,分别介绍了水下无损检测技术、水下目视检测技术、水下磁粉检测技术、水下超声波检测技术、海底管线的检测、遥控潜水器检测技术、水下无损检测的质量保证和水下无损检测技术的发展。2009 年中国海洋大学的王俊荣[7] 针对复杂结构构件众多、主要模型修正参数不易选取的问题,提出了一种敏感度分析方法,采用敏感度指标来解决这些问题,并以该模型对我国现役海洋平台进行了模型修正和水下结构损伤检测。2010 年哈尔滨工业大学陈勋[8] 针对国内新建的尤其是现役桥梁水下结构中基础检测的需要,考虑桥梁水下结构工程检测的复杂性,在对双目立体视觉检测技术的电荷耦合器件摄像机标定、点的三维坐标测量、特征点提取与匹配算法等进行了深入研究的基础上,集成了水下结构表观缺陷检测系统,并进行试验研究,验证了该系统的实用性。2011 年国防科技大学郭伟[9] 对水下监测系统的主动声呐检测技术和被动声呐检测技术中波束形成、目标方位预估、谱线检测等实现技术及测量算法进行了研究,并利用计算机仿真技术对其所提出的算法进行校核。周拥军、寇新建[10] 以宁波某管段基槽的水下测量为实例,介绍了采用 Seaprice 高分辨率扇面扫描声呐影像进行水下测量的方法,依据反馈断面数据和传感器坐标得到水下地形点三维坐标,采用基于Delaunay 三角形的三次样条插值法对水下地形的规则格网模型进行重组,并用可视化技术处理对其表面进行着色。张彦、李国平[11] 探讨了海洋环境对桥梁基础、承台、桥墩等下部结构的影响,介绍了跨海大桥下部结构在设计、施工等环节中应采取的相应措施,为跨海大桥下部结构的设计提供参考。何晓阳等[12] 对国内混凝土桥梁下部结构中桥墩、桥台与基础的主要类型进行了综述,指出混凝土下部结构出现的主要病害，从桥梁桥墩、桥台、基础，以及桥梁设计、施工、运营、养护等方面分析病害成因与机理。除上述研究外，近年来国内外学者也有采用水下机器人进行桥梁水下结构进行检测，以水下机器人搭载扫描声呐等设备的方式，为探测桥墩水下结构提供参考[13]。

从现行的相关规范、标准可以看出，目前对于桥梁水下结构检测的内容及方法均未有详细规定，缺乏适用于桥梁水下结构的专门安全评估体系。而对桥梁结构安全性作出准确评估的前提条件就是确定桥梁水下结构病害的分级评定标准。2015 年浙江省交通运输厅曾组织编制过水下结构检测指南，其中涉及桥梁水下结构安全评价体系研究[14]。

1.2.2　国外研究现状

借助电子计算机技术、新工艺的快速发展，1964 年美国通用公司研究出人类历史上第一台多波束测深系统[15]，人类对海洋的探索研究也因此达到了新的高度。20 世纪六七十年代主要处在基本理论研究阶段，研究出的设备性能比较差。八十年代以来，多波束声呐技术进入了较快速发展阶段，出现了"V"型 Mill's 交叉阵技术，数字相移波束形成技术，对边缘波束具有声线补偿功能[16]，并且同时期成功研发出高精度的海底回波到达角估计方法，即波束相位差分离法，上述技术方法的应用使得测量设备的覆盖宽度大幅提高。九十年代初期，使用具有并行处理能力的 DSP 芯片，大大提高了形成数字波束的实时运算能力，能够支持庞大运算量的参数估计算法[17]。这一时期多波束测深技术得到了跨越式发展，测深波束、覆盖宽度和测量效率都得到极大的提高。进入九十年代后，Reson 公司以其高频系列的 SeaBat 系统加入了多波束探测领域，其他新型浅水多波束测深系统也不断研制出来，如 SeaBeam 公司的 SeaBeam 2100 系统、Atlas 公司的 Fansweep 20 系统、Simrad 公司的 EM 3000 型系统和 ODOM 公司的 Echoscan ultbeam 系统，其拥有更宽的覆盖范围、更多的测深波束数、更高的测深精度，适应更高的航行速度，并具有海底地貌侧扫和成像等功能，从而使海底地形探测技术日臻完善，并向着高精度、智能化、多功能的组合式测深系统方向发展。国际海道测量组织（International Hydrographic Organization，IHO）在总结当代测深技术发展水平的基础上于 1994 年 9 月的摩纳哥会议上提出新的水深测量标准，并规定在高级别的水深测量中必须使用多波束全覆盖测量技术。

近些年来，随着新材料声学基阵、基于新理论的信号处理方式以及高性能计算机的逐步应用，多波束测深声呐技术得到了进一步的发展。这一时期发布的产品，其最主要的特点是在提高地形测量精度的同时，能够对当前海域的海底地貌（声学图像）进行同步测量，使得效率大大提升，并且还配备有专业的底质分类软件。多波束测深声呐系统根据搭载平台不同，分为船载式和潜用式，分别搭载于舰船和超小型有缆水下机器人以及无缆水下机器人，如图 1.1 所示为丹麦 Reson 公司生产的 SeaBat 7125 船载型多波束测深声呐；如图 1.2 所示为新推出的 SeaBat 8125-H 水上、水下平台兼用聚焦多波束测深系统，其将 8125 声呐探头与先进的数据处理器相结合，可提供 512 个实时动态聚焦波束，120°扫宽，随之而来的是可靠的海底探测数据，精细的 6 mm 测深分辨率，以及可以在声呐操控界面实时查看反向散射回波数据。8125-H 先进的自动导航模式可以确保声呐时刻工作在正确的扫宽参数下，可以更加专注于数据采集；实时横摇稳定可以确保在恶劣的海况环境下依然不会丢失数据精度；搭配 ROV 使用时，可以通过光纤接口优化 8125-H 的高速数据传输。

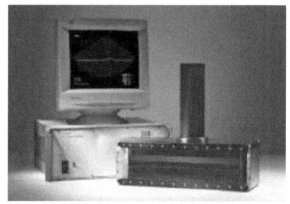

图 1.1　SeaBat 7125 多波束测深声呐　　　图 1.2　SeaBat 8125-H 聚焦多波束测深系统

英国 CodaOctopus 公司的 Echoscope 实时 3D 声呐是全球首款也是分辨率最高的一款实时 3D 声呐，可以从每次声波传输中生成一个由逾 16 000 个水深探测点组成的完整三维模型。Echoscope 属于主动声呐，其通过发射一定频率的声波并探听水下结构物表面的反射主声波获取水下结构物信息。

Echoscope 采用三维实时多波束成像声呐系统，与普通的 2D 声呐和 3D 多波束声呐有本质区别。普通的 2D 声呐只能提供实时的结构物平面影像，不能提供结构物深度及三维测绘成像；而 3D 多波束声呐必须花费大量时间、通过大量测绘工作提供静态的三维结构物影像，由于角度覆盖问题在复杂结构表面会丢失数据并产生大量阴影。Echoscope 可以提供实时的三维影像，大大减少测绘工作量，并使用其体积成像能力显著减少阴影，在复杂的细部结构上提供最大范围的角度覆盖，生成密集统计结构图像，这是窄条带 3D 多波束声呐无法实现的。

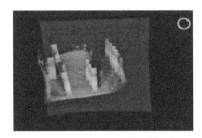  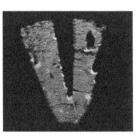

　图 1.3　Echoscope 实时声呐　　图 1.4　3D 多波束声呐　　图 1.5　2D 声呐

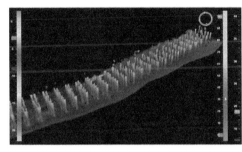 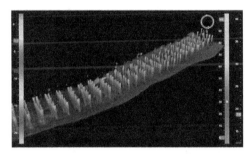

　　　图 1.6　Echoscope 极少阴影　　　　图 1.7　3D 多波束声呐 70％阴影

在检测目标和 Echoscope 相互移动的情况下，三维图像仍能保持清晰准确，可通过 USE 软件实时显示运动目标的图像和方位，让观察者在操作时能够立即获取水下三维环境；同时可对原始数据进行采集存储，高效地实时进行三维数据成像，能够满足实时水下结构物观察成像的需求。Echoscope C500 声呐探头技术指标见表 1.1。

　　图 1.8　Echoscope C500 声呐探头　　　图 1.9　F180 姿态仪

表 1.1　Echoscope C500 技术指标

性能指标	频率	375 kHz 和 610 kHz
	波束数量	128×64（合计 8 192）
	最大探测距离	150 m
	最小探测距离	1.5 m
	量程分辨率	3 cm
	数据更新频率	12 Hz
	视场角度覆盖	25°×25°～50°×50°
	波束间角	375 kHz 时 0.39°×0.78°，610 kHz 时 0.19°×0.39°
物理参数	尺寸	292 mm×300 mm×171.5 mm
	空气中重量	17.3 kg
	水中重量	7.5 kg
	功耗	2.05 A 24 V　DC
	耐压深度	600 m
接口	声呐探头至控制单元	单电缆同时用于供电、数据通信和控制
	控制单元至电脑终端	以太网和 RS232 串口线

第 2 章

水下基础典型病害

水下基础由于其处于水下环境，除了承受上部结构传来的荷载，还长期承受波浪、海流等随机荷载的作用，加之水环境不同程度地富集 HCO_3^-、Cl^-、SO_4^{2-} 等侵蚀性介质，其使用条件和环境较陆上部分更加复杂，且由于处于水下环境不方便巡查检测，其病害往往难以及时发现，发展下去，将对水下基础的安全性造成极大的威胁。水下基础主要包括混凝土构件、砌体结构和河床基础等，下面将详细论述不同基础结构的常见病害。

2.1 水下混凝土构件常见病害

混凝土由基质材料、骨料（砂、石）、孔隙液和孔构成，其中，混凝土的水化产物通过影响基质材料的宏微观特性，进一步主导混凝土的材料性能[18]。根据 Taylor 等[19] 的资料，在相对理想的养护条件下，普通硅酸盐混凝土基质材料的物相主要为水化硅酸钙和氢氧化钙，二者在混凝土基质中彼此伴生，分别占据基质物相体积分数的 70% 和 20% 左右。水下混凝土构件的常见病害主要包括表面破损、裂缝、冲蚀（冲刷）、溶蚀、冻融、结构变形等。

2.1.1 混凝土表面破损

水下混凝土构件在长期使用过程中，常常会产生表面破损病害。这些病害不仅会影响构件的美观性，还可能对其结构完整性和耐久性造成严重影响。水下混凝土构件的表面破损病害主要包括：蜂窝、麻面；空洞、孔洞；表层剥落、露筋等；磨损。

蜂窝病害是指混凝土表面出现大量大小不一的孔洞，形状类似蜂窝。麻面病害是指混凝土表面出现较多的小凹坑，形状类似麻点。引起蜂窝、麻面病害的主要原因是混凝土施工过程中存在的技术问题。首先，混凝土的配合比不合理，导致混凝土的流动性不佳，难以填充模板内的空隙；其次，混凝土振捣不充分，使得混凝土内部存在空洞；最后，模板的放样和拆除不当，导致混凝土表面出现不规则的空隙。

空洞和孔洞是指混凝土内部出现的空隙或孔洞，其形状和大小可能会有所不同。混凝土构件中的空洞和孔洞病害是一种常见的问题，一般在施工养护期形成，也可能由于撞击、冲刷造成。

剥落通常是由混凝土与钢筋之间的黏结力不足或钢筋锈胀引起的。当水下混凝土构件遭受到外部冲击或荷载作用时，剥落现象往往就会发生。剥落不仅会降低构件的结构完整性，还会导致钢筋的暴露，从而加速腐蚀的发生。

由于水下环境的特殊性，水下混凝土构件容易受到各种力学和化学作用的影响，从而引发磨损病害。磨损病害的成因主要包括以下几个方面：（1）水流冲刷，水下混凝土构件常处于水流的冲刷之中，水流的冲击力会导致构件表面的颗粒和水泥基质的脱落，进而引发磨损病害；（2）水生物作用，水下环境中存在着各种水生物，它们的活动会对混凝土构件产生磨损作用，例如贝类的钻孔和藻类的附着；（3）化学侵蚀，水中的盐分、酸碱等化学物质会对混凝土构件产生侵蚀作用，使其表面产生磨损和腐蚀。磨损病害主要包括：（1）表面磨损，水下混凝土构件的表面容易出现磨损现象，主要表现为颗粒的脱落和水泥基质的磨损，严重时会导致构件的减弱和失效；（2）孔洞形成，水下环境中的水流和海洋生物作用会形成孔洞，进一步加剧混凝土构件的磨损病害，降低其承载能力；（3）腐蚀破坏，水中的化学物质会对混凝土构件进行腐蚀，导致构件表面的破坏和磨损，严重时会引发构件的断裂和失效。

混凝土构件表面蜂窝麻面病害见图 2.1，混凝土构件钢筋锈胀、表层混凝土剥落病害见图 2.2，混凝土构件空洞、孔洞病害见图 2.3，混凝土构件磨损病害见图 2.4。

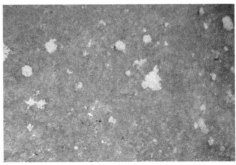

图 2.1 混凝土构件表面蜂窝麻面病害

图 2.2 混凝土构件钢筋锈胀、表层混凝土剥落病害

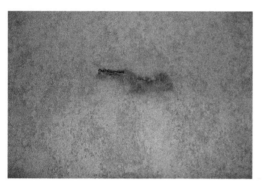

图 2.3 混凝土构件空洞、孔洞病害

图 2.4 混凝土构件磨损病害

2.1.2 混凝土裂缝

混凝土裂缝是混凝土结构中常见病害之一，混凝土裂缝可能影响结构的

强度、耐久性和外观质量。混凝土裂缝病害可以根据裂缝的形态和性质进行分类，常见有以下几种：温度裂缝、拉伸裂缝、收缩裂缝、剪切裂缝、翘曲裂缝和结构裂缝。温度裂缝是指混凝土受热膨胀或冷却收缩时，由于温度应力导致裂缝。拉伸裂缝是沿混凝土受拉方向产生的裂缝，通常出现在梁和柱的底部。收缩裂缝是由混凝土干缩引起的，通常呈现为较细的裂缝，分布较为密集。剪切裂缝是剪切力作用于混凝土结构时产生的裂缝，通常出现在梁和柱的边缘。翘曲裂缝是由不均匀干缩引起较大挠度而产生的裂缝，通常出现在混凝土板的边缘。结构裂缝是由于荷载超过混凝土结构的承载能力而引发的裂缝。

　　混凝土裂缝病害是混凝土结构中常见的问题，不同的裂缝对结构影响差异巨大，因此，需要分析裂缝病害的成因以及裂缝对结构的影响。如隧洞衬砌结构中，环向裂缝往往是施工期产生，其对结构影响较小；但隧洞轴线方向裂缝或斜裂缝，将影响衬砌结构安全，需重点关注其成因及发展趋势。典型混凝土裂缝病害如图 2.5 所示。

图 2.5　混凝土裂缝病害

2.1.3　混凝土溶蚀

　　流动的活水会使混凝土中的 $Ca(OH)_2$ 逐渐溶出，水泥水化产物不断分解，混凝土逐渐疏松，在水流作用下易于剥落，这个过程称为溶蚀过程。混凝土溶蚀主要分为渗透溶蚀和接触溶蚀，水利工程领域的已有部分研究关注混凝土的渗透溶蚀。混凝土的渗透溶蚀多见于各类混凝土坝，主要源于坝体前后水位高差产生的渗透压力，并诱发坝体裂缝、渗漏等病害[20-22]。混凝土的接触溶蚀多见于引调水工程的输水隧洞混凝土表面和输水管道水泥砂浆内衬[23,24]，以及面板坝的混凝土面板结构[25]，导致硬化混凝土产生裂缝、浆体疏松、骨料暴露等病害。

溶蚀病害降低混凝土的劈裂抗拉、抗压强度等工程性能，溶蚀作用会导致混凝土表面的腐蚀和侵蚀，使得结构的强度和刚度减弱。当混凝土结构的强度不足以承受外部荷载时，就会发生结构的破坏和倒塌。水下混凝土结构溶蚀病害对结构的耐久性造成了严重影响。溶蚀作用会导致混凝土中的水泥基质被破坏和溶解，使得混凝土的耐久性降低。水下环境中的盐分和海水中的氯离子会加速混凝土的溶蚀速度，使得混凝土结构的使用寿命大大缩短。典型混凝土溶蚀病害如图2.6所示。

图 2.6　混凝土溶蚀病害

2.1.4　混凝土冻融病害

冻融病害是指在冷季节，水下混凝土结构在受到冻结和解冻的过程中产生的损害。反复结冰和溶化过程引起混凝土疏松开裂，导致水分渗透到混凝土内部，水再次结成冰时体积膨胀，从而进一步扩大裂缝范围。在水面干湿交替区域，当混凝土表面不够密实时，容易发生冻融病害。水下混凝土结构在冷季节中反复经历冻结和解冻的过程时，冻融循环会加剧结构的破坏。

冻融病害对混凝土结构的影响显著，冻融导致表面混凝土的密实性及力学性能下降。首先，冻融病害会导致混凝土结构的强度和刚度降低，这将影响结构的承载能力和稳定性，增加结构的风险。其次，冻融病害还会导致混凝土结构的耐久性下降，冻融循环会使混凝土中的孔隙扩大，进而增加水分和盐分对结构的渗透性，加速混凝土的腐蚀和损坏。混凝土结构冻融病害是我国北方常见且严重的问题，特别是在混凝土构件干湿交替部位，其对结构的安全性和耐久性都产生极为不利的影响。典型混凝土冻融病害如图 2.7 所示。

图 2.7　混凝土冻融病害

2.1.5　混凝土结构变形

混凝土结构的变形会导致结构的破坏和损失。由于水下环境的高压力和水流的冲击，结构的变形可能导致裂缝的产生和扩大，进而破坏结构的完整性。水下混凝土结构的变形还会影响结构的功能和使用寿命，会导致结构的刚度和稳定性下降，从而影响结构的正常使用。例如，在海洋工程中，变形可能导致海底管道的断裂，影响石油和天然气的输送；在水坝工程中，变形可能导致水坝的渗漏和破坏，威胁周围地区的安全。水下混凝土结构变形是一种较为严重的病害，但由于其位于水下，往往难以及时发现，因此，在水下结构检测中应重点关注结构的连接部位和结构的线性平顺情况。

混凝土结构变形包括长期变形和短期变形。长期变形是由外部条件缓慢变化和收缩、徐变等混凝土固有性质所致。外部条件缓慢变化包含地基下沉、地基变形引起的永久性残余变形等情况。而短期变形是外力作用下产生的塑性变形，如结构在交通荷载、地震荷载、船撞等外力作用下发生的塑性变形。结构下沉、倾斜等变形影响构件的受力状态，当变形过大时，直接影响构件的使用安全。典型的混凝土结构变形病害见图 2.8，变形开裂病害见图 2.9。

图 2.8　混凝土变形病害

图 2.9　混凝土变形开裂

2.2　砌体结构病害

　　砌体结构是用砖块、石块、混凝土块等材料按照一定的规则和方法砌筑形成的整体结构。砌体结构广泛应用于建筑物的墙体、柱子、梁等部位，并且可以根据需要进行各种形式的砌筑，如砖砌、石砌、混凝土砌筑等。砌体结构病害的种类繁多，其中包括裂缝、空鼓、脱落、渗水、变形等。裂缝是最常见的病害之一，它们可能出现在砌体墙体、柱子、梁等部位。裂缝的形成可能是由材料的收缩、膨胀或变形引起的，也可能是由外部荷载的作用导致的。空鼓是指砌体中部分砖块与背衬材料之间的黏结失效，造成砌体表面凸起。脱落则是指砌体中的砖块或石块脱落，导致结构的不稳定。渗水是指水分通过砌体结构的孔隙或裂缝进入建筑内部，可能引起发霉、腐蚀等问题。变形是指砌体结构因荷载作用或其他因素而发生形状、尺寸或位置上的变化。

2.2.1　裂缝

水下砌体结构裂缝病害对结构的危害是十分严重的。砌体结构裂缝的存在会削弱砌体结构的承载能力和稳定性，进而导致结构的破坏和倒塌。砌体结构裂缝还会导致水的渗透和渗漏，加速结构的腐蚀和老化。水下砌体结构裂缝病害的原因主要包括以下几个方面：首先，水的压力和渗透会导致砌体结构的变形和裂缝的产生；其次，水中的盐分和腐蚀物质会加速砌体结构的腐蚀和破坏，导致裂缝的扩大和加剧；此外，水下环境中的水流和水动力作用也会对砌体结构产生淘刷、冲蚀，进而引起裂缝的形成和扩展。砌体结构裂缝病害见图 2.10。

图 2.10　砌体结构裂缝病害

2.2.2　局部坍塌

砌体结构的特点是砌块强度高，但砌块与砌块之间的连接强度较低，其结构整体性较差，因此砌体结构容易出现局部脱落坍塌病害，给工程的安全性和稳定性带来严重威胁。水下砌体结构局部脱落坍塌病害会减弱砌体结构的整体稳定性，可能导致整体结构的损坏和倒塌。水下砌体结构局部脱落坍塌的原因主要包括：（1）水下环境中的水压、水流和水质等因素会对砂浆产生腐蚀作用，导致砂浆的强度降低，失去黏结力，从而引起砌体结构的脱落和坍塌；（2）水下环境中的水流和波浪等力量会对砌体结构的材料产生冲刷，导致砖块、石块等材料的破裂和剥落，从而使砌体结构失去稳定性；（3）水下环境中的水流会对砌体结构周围的土壤产生侵蚀作用，导致土壤的松动和流失，进而使砌体结构的基础不稳定，引发脱落和坍塌；（4）水下砌体结构的设计需要考虑水压、水流和水质等因素的影响，如果设计不合理或者施工质量不过关，可能会导致结构的强度不足，容易发生脱落和坍塌。典型的砌体局部脱落坍塌见图 2.11。

图 2.11 砌体结构局部脱落坍塌

2.2.3 结构变形

砌体结构在使用过程中可能会出现各种变形病害，常见的砌体结构变形病害包括以下几种：（1）墙体开裂，它是砌体结构常见的变形病害，可以表现为垂直裂缝、水平裂缝或斜裂缝。开裂可能是由于墙体受到外力作用、基础沉降或砌体材料的收缩等引起的。（2）墙体倾斜，它是指砌体结构中的墙体出现不正常的倾斜现象。倾斜可能是由于基础不稳定、土壤沉降或墙体受到不均匀荷载作用等引起的。（3）砌体脱落，它是指砌体结构中的砖块、石块等材料出现脱落或剥落现象。脱落可能是由于砂浆的腐蚀破坏、材料的损坏或施工质量不过关等引起的。（4）拱顶下沉，它是指砌体结构中的拱顶出现下沉现象。下沉可能是由于拱顶受到外力作用、基础沉降或拱顶结构设计不合理等引起的。（5）砌体结构中的梁板可能会出现变形现象，如梁的挠度增大、板的扭曲等。变形可能是由于梁板受到荷载过大、材料强度不足或施工质量不过关等引起的。

砌体结构变形病害的危害主要包括以下几个方面：（1）结构安全性降低，砌体结构的变形病害会导致结构的稳定性下降，使其承载能力减弱，增加结构的倒塌风险。墙体开裂、倾斜和拱顶下沉等变形病害如果得不到及时修复和处理，可能会引发严重的结构破坏和崩塌事故。（2）使用功能受限，砌体结构的变形病害会导致墙体、梁板等构件的变形和破损，影响建筑物的正常使用功能。墙体开裂和倾斜可能会导致房屋的变形和不平整，影响室内装修和使用效果。梁板的变形和破损可能会使建筑物的楼层不平整和承重能力减弱，限制建筑物的使用范围和载荷。（3）砌体结构的变形病害如果得不到及时修复和处理，可能会存在安全隐患。墙体开裂和倾斜可能会导致砖块、石块等材料的脱落，造成人员伤害和财产损失。拱顶下沉和梁板变形可能会引起结构的不稳定，增加建筑物的倒塌风险，对周围环境和人员造成威胁。典型的砌体结构变形见图 2.12。

图 2.12　砌体结构变形病害

2.2.4　砂浆破损与脱落

砌体结构中砌筑砂浆脱落病害是指墙体、砖缝或砖与砖之间的砂浆出现脱落、开裂或剥落等现象。这种病害主要由以下几个方面引起：（1）砌筑砂浆脱落病害通常与施工质量有关。如果砂浆的配合比例不合理、搅拌不均匀、施工过程中未能充分填充砖缝等，都会导致砂浆的黏结力不足，容易出现脱落现象。（2）砌筑砂浆的质量也会影响砂浆的黏结力和抗裂性能。如果使用的砂浆材料质量不合格、掺杂了过多的杂质或含水量过高，都会导致砂浆的黏结力不足，容易出现脱落病害。（3）砌体结构所处的环境条件也会对砂浆脱落病害产生影响。例如，长时间的潮湿环境、温度变化较大或频繁的震动等都会加剧砂浆的老化和破坏，导致砂浆脱落。

砌体结构中砌筑砂浆将砌块与砌块连接为整体结构，砂浆脱落会导致砖与砖之间的黏结力下降，墙体的整体稳定性受到影响，可能会引发墙体开裂、倾斜甚至崩塌等安全事故。典型的砌体结构砂浆破损与脱落病害见图2.13。

图 2.13　砌体结构砂浆破损与脱落病害

2.3　河床冲刷

河床冲刷病害是指河流水流冲刷河床时所造成的病害，主要表现为河床的侵蚀、淤积不均匀、河床下陷、河床侵蚀岸坡等现象。这种病害主要由以下几个因素引起：（1）水流速度过快。当河流水流速度过快时，水流对河床的冲击力增大，容易造成河床的侵蚀和冲刷。水流速度过快可能是由陡坡、河道狭窄、水量过大等引起的。（2）河床材料的质地不均匀也是导致冲刷病害的重要原因。如果河床中存在易被冲刷的松散材料，如沙子、砾石等，就容易被水流冲刷；而如果河床中存在坚硬的岩石等材料，就较不容易被冲刷。（3）河床的坡度和形状也会影响冲刷病害的发生。坡度过大或过小，都容易造成水流速度过快或过慢，从而导致冲刷病害；河床的形状不合理，如存在突出的岩石、凹陷的部分等，也容易受到水流的冲刷。

河床冲刷病害的危害主要包括以下两个方面：（1）冲刷病害会导致河床侵蚀岸坡，造成岸坡的塌方和坡面的破坏，进而影响河岸的稳定性；（2）冲刷病害会使河床中的土壤被冲刷走，导致水土流失，影响河岸的生态环境。

　　基础冲刷是水下结构物的重要病害形式。桥墩及基础影响原水流的方向，导致水流在基础周围迅速改变，带走基础下面及基础周围的土，引起冲刷病害。同时，冲刷会改变基础结构的受力状态，对整体结构的使用安全具有显著影响。冲刷形态分为一般冲刷与局部冲刷两种。一般冲刷通常由河道输沙不平衡或泥沙超限开挖所致；局部冲刷则主要由建造水工结构物引起。桥墩基础河床冲刷病害如图 2.14 所示。

图 2.14　桥墩基础河床冲刷病害

第 3 章

水下检测技术

近十几年来，水下结构检测技术发展非常迅速。传统的水下结构检测方法主要是人工目视观察和水下摄像技术，而随着人工智能的不断发展，水下机器人技术得到了长足的进步，并开始广泛应用于海洋、水利、桥梁、搜救、考古等领域，同时水下机器人作为一个水下运载平台，可以搭载光学、声学、激光等成像设备，形成了一系列基于水下机器人的水下检测技术方法。本书就常用的几种水下检测方法技术进行了调研，分析了各项水下检测技术的功能和特点，为水下建筑物结构缺陷检测方法的选择提供参考。

3.1　人工目视与水下摄像技术

人工目视观察是最传统的一种水下检测方法，也是早期潜水调查的基本手段，主要依赖于潜水员的肉眼观察。而当水域水质浑浊、能见度低时，潜水员无法开展目视观察，只能采用探摸的方式进行。这种方式无法全面细致地检查水下结构的状态，工作效率很低，受潜水员主观判断影响较大。

水下摄像检测是一种常用的水下检测方法，由潜水员携带水下相机或摄像机潜入水下，对检测目标区域进行全方位拍摄，检查和记录结构的外观缺陷。桥梁结构水下桩基础绝大部分为圆柱形桩基，因此病害的位置描述通常采用时钟法，即以桥梁大桩号方向为"零点"方向，以"时钟的刻度"表示病害的位置；同时潜水员随身携带水压计，结合潜水时测量的水面水位，即可计算出桩基上的病害所处的深度，两者结合，即可准确描述出病害的位置。潜水员使用随身携带的测量仪器，可测量出结构的损伤程度。

水下摄像主要分为两种，一种是使用水下照相机，另一种是使用水下摄像机。水下照相机是在正常照相机的基础上经适当改装而成，主要特点是：在设计深度的范围内保证防水性；拍摄控制部分简易，便于操作；使用广角镜头和微距镜头，有利于近距离对焦，减少散射而带来的清晰度损失。水下摄像机则可以实现水下实时成像并录像，摄像机另一端连接岸上的显示屏，岸上工作人员通过屏幕影像对结构外观缺陷进行检查和判断，并能对潜水员进行遥控指挥，指示潜水员下一步的移动方向、移动速度、拍摄重点等内容。

水下检测受水流、光线、水深、水温等多种因素的影响，加上潜水装备十分沉重，检测条件与环境较为恶劣和复杂，一般由 2 名经验丰富的潜水员共同完成水下检测，一人负责探查和拍照或摄像，另一人携带简单的测量仪器，对发现的病害缺陷进行测量和记录。

跨江河的桥梁水下环境一般较为浑浊，能见度低，给水下拍摄缺陷图像的辨识带来困难，一般需要通过清水箱或水下照明等手段提高图像清晰度。在浑浊的水下区域，使用清水箱可以创造一个清水的环境。清水箱是一种透明的塑料箱，可根据检测目标的形状，构造出不同形状的箱子，通过在清水箱中注入干净的水，再将盒子压在结构缺陷处，采用相机拍摄缺陷图像。

另外，采用水下照明的方法也可以提高水中能见度。一般水深在 10 m 以内时，可采用色谱照明灯；超过 10 m 的深水区域由于水过滤并吸收自然光谱中的颜色，导致所有物体都显示为蓝绿色，可使用水银蒸汽灯、石英灯等进行泛光照明。

3.2　水下机器人摄像检测技术

目前国内外对水下桩基础的检测大多还依赖于潜水员携带水下摄像机进行检测。对深水桩基础而言。人工潜水检测极为困难，安全性风险高、检查范围小、工作质量及效率低、主观性强。人工潜水检测难以在深水区域进行，很多跨江、跨海大桥水下桩基础从建成到运营几十年都没有检测过，这就需要有简便快捷、智能化的新型检测技术，替代潜水员进行检测的水下桩基础智能检测机器人应运而生，为涉水桥梁水下检测提供了新的方向和安全保障。

水下机器人（Remotely Operated Vehicle，ROV）检测技术是近年来快速发展的应用技术。ROV 可作为水下检测平台，搭载水下检查、检测以及光学、声学仪器设备，高效地完成水下结构检测任务。该技术在水库大坝、桥梁工程、海洋平台等水下结构检测中得到了广泛的应用。

根据操纵方式、动力特性和作业空间的不同，ROV 主要分为载人潜水器和无人潜水器。其中无人潜水器又可分为有缆遥控水下机器人和自治水下机器人。

有缆遥控水下机器人是一种靠脐带缆来供应能源和交换信号的无人潜航器，通过脐带缆从水面单元获得充足的动力、稳定的数据传输，作业时间不受限制，可搭载多种设备仪器，具有轻巧、灵活性高、环境适应性好、工作高效、通信稳定等优点，能在水下三维空间自由航行。有缆遥控水下机器人根据作业用途不同，一般可分为两种，一种是用于水下检测的机器人，一般携带高清摄像头、声呐等检测设备；另一种是用于水下作业施工的机器人，一般携带机械手进行水下作业。

有缆遥控水下机器人主要由地面控制系统和水下潜航设备两部分组成，其中地面控制系统由操作控制台、电缆绞车、供电系统、吊放设备组成；水下潜航设备主要包括潜水器本体和中继器。潜水器本体在水下靠推进器行进，可装配高清摄像机、照明灯、声呐等检测设施以及机械手等作业设备。有缆遥控水下机器人的水下检测作业由地面操纵控制台的专业人员使用人机交互系统向水下主体下达指令，机器人就可通过计算机加工处理信息、识别和分析环境、自动规划行程路线、回避障碍，自主完成操纵平台传达的任务。

ROV 具有灵活性强、作业时间长、覆盖范围广、下潜深度大的特点，是桥梁水下基础检测非常具有潜力的检测技术。目前采用有缆遥控水下机器人开展水下目视检查应用较为广泛，与潜水员携带摄像机水下检查一样，它是利用有缆遥控水下机器人携带的水下高清摄像机来完成水下检查的。相比于潜水员下潜，有缆遥控水下机器人可以在复杂水下环境灵活作业，能够适应人类无法适应的恶劣环境，可大幅提高工作效率和安全系数。在作业精度、操作细节方面，ROV 可能无法比拟人类，但它具有一个最重要的功能就是可以搭载高清拍摄设备对水下目标结构进行近距离观察，尤其是潜水员无法到达的狭小空间，或具有一定危险性的区域。有缆遥控水下机器人采集到的结构信息，可以给地面控制人员提供第一手准确资料。

3.3　　　　　　　　　　　　　　　　　水下声呐检测技术

声呐技术是随着军用技术和其他学科的发展而逐渐发展起来的。近年来，

ROV 技术快速发展，日渐成熟，ROV 搭载的水下声呐的相关技术也得到了较快的发展，应用范围逐渐从海洋能源勘探、海底地貌测绘、海洋救援等领域转向大坝水下探测、海洋平台水下检测、桥梁水下基础检测等工程检测领域。

声呐是利用水下声波判断水中物体的存在、位置和某些特征的方法设备。声呐按工作方式可以分为主动声呐和被动声呐。主动声呐技术是指声呐主动发射声波至目标物体，而后接收水中目标反射的回波，测算回波时间、回波参数，以此来测定目标体的特征参数，可以用来探测水下结构。被动声呐技术是指声呐被动接收水中目标产生的辐射噪声和水声设备发射的信号，它由简单的水听器演变而来，收听目标发出的噪声，判断出目标的位置和某些特性。水利、桥梁等工程属于静止物体，本身不发射信号，所以使用的水下声呐属于主动声呐。

用于水下结构探测的声呐按设备类型不同可分为侧扫声呐和扇扫声呐。侧扫声呐系统主要包括发射、接收、信号处理、数据处理与分析、显示与控制、导航与定位 6 个子系统。其工作原理是基于声波的发射、反射和接收过程。首先声呐发射器发射一系列的声波脉冲，声呐发射器通常安装在船体的两侧，以便同时在两个侧面进行扫测，这样可以覆盖更大的区域，发射的声波呈扇形向两侧扩散；发射的声波在水中传播，并在遇到不同的水下目标或地形（例如海底、岩石、沉船等）时发生反射，反射波被接收系统捕捉回来；接收到的反射信号由信号处理系统进行处理，信号处理包括滤波、放大以及时延测量，目的是去除噪声并提取有用信息；数据处理与分析系统将处理后的信号数据转化为二维或三维图像，形成对水下地形和目标的可视化表示；导航与定位系统采用 GPS 或其他定位系统，确定声呐设备的当前位置，以便准确标记测绘数据的位置与时间。随着潜航器的不断行进，侧扫声呐会不断地扫描目标区域，通过不断地获取相关的水下信息，从而构建出完整的水下结构图像。侧扫声呐的优势是可以呈现高分辨率的目标区域图，主要用于绘制海底地形的精确地图、沉船搜寻、水下结构基础塌陷、冲坑等。

扇扫声呐也被称为前视声呐，扫描区域为潜航器正下方和前方区域。目前国内外已经应用较成熟的声呐有：单波束扫描声呐、多波束扫描声呐和三维成像声呐，主要应用于水下地形监测、船舶导航、海洋搜救、工程水下探测等领域。

单波束扫描声呐通常使用单个换能器实现在水平面内一个设定扇形区域内的机械式扫描。它在每一个角度产生单个波束并等待回波，然后再步进到下一个角度，一直到整个扇形被扫描完，将从每一个脉冲返回的数据集成在一起来构建图像。这类声呐通常也被称为单波束扇扫声呐。

随着水下声呐技术的发展，多波束声呐也越来越多地应用到水下结构探测中，它是一种多传感器的复杂组合系统，是现代信号处理技术、高性能计算机技术、高分辨显示技术、高精度导航定位技术、数字化传感器技术及其他相关高新技术等多种技术的高度集成。多波束声呐系统基本原理是向水下目标发射一个由数百个单波束组成的扇形波束，波束到达目标区域后发生反射、散射等过程，回波被换能器接收，利用传播时长、声速等参数计算水下目标物的距离。多波束声呐系统通过 ROV 搭载平台实现对水深的连续测量，通过数据处理分析系统，可以实时反映水下地形变化。其以不同颜色的曲线合成所检测区域的三维地形、地貌，从而直观反映水下地形特征。主要用于水下地形的测量、水下结构缺陷特征呈现，如大坝水下结构淤积、淘刷，桥梁工程水下基础冲刷、淘空、塌陷等。

侧扫声呐和多波束声呐系统其原理都是利用声波成像，作业方式都属于条带式扫描方法。两者的区别在于侧扫声呐对于较小的目标物更有优势；而多波束声呐系统对目标物的位置、距离识别更加精确，但只适用于尺寸较大的目标物。目前声呐成像在水下检测行业的应用已经越来越多，包括桥梁水下基础检测，水下大坝、海洋工程的检测，海底测深等等，逐渐走向成熟。

桥梁大多处于深水浑浊急流的水体环境中，传统的水下声呐难以在这样的水体环境中取得较好的效果，而三维成像声呐近年来发展迅速，利用三维显示技术，可实现水下目标外形轮廓扫描成像，不受光源和水体浑浊的影响，是目前水下结构细部检测较为先进的手段。

三维成像声呐是通过发射声脉冲获得检测目标的空间数据，每次以扫描扇区发射脉冲，可以垂直向和水平向扫描，扫描范围大，能够获得距离、水平、垂直三维空间目标信息。三维成像声呐主要分为两种，第一种是通过其机械平移，将一维线阵合成为二维面阵，再用计算机将从不同部位获取的二维信息合成为三维图像；另一种是直接采用二维面阵，在水平、垂直、距离三个方向上直接获取信息，先形成二维序列图像，然后再进行计算机三维合成。

目前在工程中应用较多的三维成像声呐系统有美国 BlueView 公司研制开发的 BV5000 系列、英国 CodaOctopus 公司生产的 Echoscope 系列三维实时声呐等。

以 BV5000—1350 三维全景声呐系统为例，其主要由扫描声呐头、云台、接线盒、电缆、软件控制平台及软件系统组成，其中软件系统包括 Proscan、Meshlab、Cyclone 等。声呐头包含发射器、接收器及转换器，同时控制波束形成的电路。声呐头和云台通过专用线缆连接到接线盒上，接线盒又通过以太网电缆和 USB 传输线与计算机连接，从而实现计算机与声呐和云台之间的通信。Proscan 是实时数据采集软件，可控制云台转动；Meshlab 软件可进行点云数据查看和距离、角度等的量测；Cyclone 可进行点云数据编辑处理。

BV5000—1350 声呐头发射一个频率为 1.35 MHz 的脉冲信号，形成一个 $45°\times1°$ 的扇形扫描区域，每个脉冲包含 256 个声学波束，以相同间隔排列，波束在水中传播到达物体表面后反射，声呐头接收到声波信号，转化为电信号；利用操作软件把声呐头扫描到的信息以图像的形式显示，得到扇形区域 256 个点的位置信息，生成 2D 图像；再通过计算机控制云台在水平方向上 360° 旋转，竖直方向 130° 扫描，实现目标体不同部位的位置信息，通过计算机生成结构三维图像。

现场实操时，BV5000—1350 有单角度扫描和球形扫描两种扫描方式。单角度扫描指声呐只在水平方向旋转扫描，最快扫描速度为 1.5 min。球形扫描则是使声呐依次向上或向下倾斜一定的角度之后再进行水平方向的旋转扫描，扫描的区域是一个球形，倾斜的角度有斜向上 45°、斜向上 15°、斜向下 15°、斜向下 45° 四种，球形扫描比单角度扫描范围更广，点云的密度更大，精度更高，但扫描时间较单角度扫描更长。经测试研究，在 30 m 检测范围内，球形扫描测距误差在 4 cm 之内，测角误差不超过 1°，精度较高。

三维成像声呐具有以下几个优点：（1）能在水体极为浑浊甚至能见度为零的水下环境中实现三维全景扫描；（2）测量精度可达到厘米级，获取的点云数据量多，分辨率高，扫描覆盖面广；（3）无需 GPS 定位数据的支持，即可构建三维立体图像；（4）体积轻巧，可以装载三脚架，也可以安装在有缆遥控水下机器人等水下作业平台上。

目前三维成像声呐系统在工程中的应用较为广泛，如水库淤积测量、大坝结构检测、码头及海堤水下检查、桥梁基础冲刷及桩基细部检测、海洋平台检查与施工、水下地形测量、水下施工监控、水下沉船探寻等。三维成像声呐系统在水下建筑物隐患检测方面具有良好的发展前景。

<table>
<tr><td>3.4</td><td></td><td>水下激光成像技术</td></tr>
</table>

3.4　水下激光成像技术

水下激光成像技术是 20 世纪 80 年代末出现的成像技术。由于水介质的吸收和散射，电磁波在水中的传播距离受到严重限制；而蓝绿激光具有高强度、高准直性和单色性好等特性，在水中传播时具有透明窗口效应，成像系统选用激光作为光源可获得最佳的成像效果。

常规水下激光成像技术主要有两种形式：激光扫描水下成像和距离选通激光水下成像。其中前者利用了水的后向散射光强相对中心轴快速减小的原理。在这种设备系统中，探测器与激光束分开放置，激光发射器使用的是窄光束的连续激光器，同时使用窄视场角的接收器，两个视场间只有很小的重叠部分，从而减小探测器所接收到的散射光，再利用同步扫描技术，逐个像素点探测来重建图像。因此，这种技术主要依靠高灵敏度探测器在窄小的视场内跟踪和接收目标信息，从而大大减小后向散射光对成像的影响，进而提高系统信噪比和作用距离。

距离选通激光水下成像系统采用脉冲激光器成像，利用选通功能的像增强型 CCD（Charge-coupled Device，电荷耦合器件）成像期间，通过对接收器口径进行选通来减小从目标返回到探测器的激光后向散射。该系统以非常短的激光脉冲照射物体，照相机快门打开的时间相对于照射物体的激光发射时间有一定的延迟，并且快门打开的时间很短，在这段时间内，探测器接收从物体返回的光束，从而排除了大部分的后向散射光。由于从物体返回的第一个光子经受的散射最小，因此选通接收最先返回的光子束可以获得最好的成像效果。如果要获得物体的三维信息，可以通过使用多个探测器设置不同的延迟时间来获得物体在不同层次的信息。

水下激光成像技术是一种新型水下成像技术，不但能用于清水中，还可以用在浑浊水体中，甚至在光线为零的水域也能进行观察，其成像距离远、分辨力高，在海洋工程领域有着广泛的应用前景。目前国际上已有多种水下激光成像系统，英国发明的一种激光系统还能用于水下输油管检测，其检测速度和分辨力都优于超声波检测设备，水浑浊度较高时，还优于电视摄像机，因为摄像机使用的绿光在水中不能被很好地吸收。用水下激光成像技术进行水下无损检测的最大困难在于缺陷的定量检测。

3.5　其他水下检测技术

对于水下钢结构，常用的水下检测方法有 Magfoils 磁膜检测技术、水下交流电磁场测量技术（Alternating Current Field Measurement，ACFM）、水下超声波检测技术等。

3.5.1　磁膜检测技术

磁膜检测技术是由德国 GmbH 公司开发的。该技术是由磁粉探伤（Magnetic Particle Inspection，MPI）改进而来。水下磁粉检测在喷洒磁粉后，磁粉浓度会迅速被周围水体稀释，结构表面磁粉很容易被冲走，难以集中停留在结构表面。为了克服这一缺点研发出磁膜检测技术。该技术采用塑料磁膜并将磁膜塑型为密封的口袋，从根本上解决了磁粉的稀释和流失问题，而且能够永久记录裂纹显示、磁场强度和磁场方向。

磁膜一般为双层包装形式，尺寸是 3.15 in×3.15 in。这种尺寸的双层包装可使用标准的交流磁轭产生所需磁化强度的磁化区域。每个磁膜包装袋单独编号，其内部有一个用来分隔磁粒、磁粉及液体混合物的内隔层，在每袋磁膜下附有一个可以拆下来的小袋，其中有一个三角形导线显示标，它用于记录磁场的强度和方向。

探伤时，将磁膜铺放在待测部位，挤压枕头状的液袋，将内隔层挤破，使磁粉与溶剂混合在一起，铺放及混合过程不应超过 45 s，混合物质保持水状的时间间隔大约为 100 s；然后将场强不低于 2.5 kA/m 的磁轭施加在磁膜上，保持100 s，当被探伤部位有不连续部位时，就会产生空白区，这是磁粉运动的结果。通过水下拍照或摄像以及计算机传输将结果传至水面装置，供检测人员进行缺陷分析与处理。

3.5.2　水下交流磁场测量技术

水下交流磁场测量技术（ACFM）是从交流电位降法（Alternating Current Potential Drop，ACPD）技术的基础上发展而来的，由伦敦大学在 20 世纪 80 年代研发。ACFM 利用导电材料中的缺陷会改变电磁场的分布产生压电磁性效应，通过测量电磁场分布的变化，并和标准的理想缺陷所形成的电磁场进行比较，从而确定缺陷。该法综合了 ACPD 和涡流检测两种方法，通过测量探测区域近表面的磁场变化，来确定裂纹的长度和深度参数。

ACFM 检测系统主要由探头、水下模块、陆地模块、计算机分析模块组成，检测时，由潜水员或 ROV 将探头放置于被检测区域即可。该方法的特点是：(1) 可实现非接触检测，无需清理结构表面防腐涂层；(2) 可以一次性完成裂纹的定量检测，检测速度快、稳定性好、检测精度高；(3) 无需预先进行仪器校准；(4) 适用于任何导电材料，适应性较好。英国 TSC 公司开发的 TSC ACFM U 水下检测系统和 TSC ACFM MODEL U 裂纹测量仪已经广泛应用于海洋平台、水下钢结构缺陷检测等领域。

3.5.3　水下超声波检测技术

水下超声波检测（Under Water Ultrasonic Testing，UWUT）是水下钢结构检测最重要的检测方法之一，广泛应用于海洋工程水下施工焊接、海底管道金属焊接、钢管桩的腐蚀检测、水下钢结构的厚度检测等。

UWUT 与陆上超声波检测（Ultrasonic Testing，UT）方法的基本原理是相同的，主要分为脉冲反射法和共振法。脉冲反射法可用于水下焊缝探伤和构件测厚，共振法主要用于水下构件测厚。采用 UWUT 方法进行检测时，须从超声回波显示角度建立潜水员或 ROV 与陆上人员之间的联系，为陆上技术人员提供数据从而进行缺陷分析判断，因此，UWUT 一般采用水陆同步超声波检测系统。

水下超声波检测仪器主要由探伤仪主机、探头、试块组成。不同于常规 UT 所用的仪器，UWUT 仪器需要具有水密性和耐水压性，浸入水下的控制显示器需要承受数十米水深的高压，仪器的壳体及内部元器件均需要考虑内外压力的问题，须能适应水下工作环境。另外，仪器设备的设计通常需要简单、易于识别和便于操作，以适应水下复杂工作环境的要求。

目前国内外都比较重视水下钢结构的超声波检测技术的研究、设备的开发。随着科技的进步，水下超声波检测仪器、设备也日渐成熟，国内如哈尔滨工业大学、中国海洋石油总公司等科研单位均已能够自主开发研制水下超声波检测设备。

3.6　不同检测技术的优缺点分析

根据水下工程结构的特点和各种水下检测技术的适应性不同，对常用水下检测技术的优缺点进行对比分析，详见表 3.1。

表 3.1　水下检测技术优缺点对比

技术方法	优缺点	适用性
人工目视/摄像机检查	优点：可以立体观察；能灵活分辨缺陷；可手动操作，人员可直观判断 缺点：潜水深度小；安全风险高；不能实时记录；低能见度环境下操作难度大；作业时间受限；检测速度慢、覆盖面小、工作效率低；主观性强，对潜水员技术要求高	适用于水浅、流速低、能见度高的水域环境
ROV 水下摄像技术	优点：检测速度快；安全系数高；下潜深度大、覆盖面广、连续作业时间长；灵活性强 缺点：不适用于浑浊水域；水下预处理能力不足	适用于能见度高的水域及深水环境
水下侧扫声呐技术	优点：不受能见度影响，细节分辨率高，效率高，可搭载 ROV 使用	适用于水底地形地貌探测、水下基础冲刷、淤积扫描探测等
多波束声呐技术	优点：不受能见度影响，对位置、距离识别精确度高，覆盖面更广，效率高，可搭载 ROV 使用	适用于水下地形测量、水下基础冲刷、淤积探测、船舶导航、海事搜救等

续表3.1

技术方法	优缺点	适用性
三维成像声呐技术	优点：获取扫描数据量大，识别精度高达厘米级，可高分辨率立体三维成像	适用于水下地形测量、水下基础冲刷、淤积探测、水下目标体表观细部检测识别
水下激光成像技术	优点：图像分辨率高，目标识别能力强 缺点：作用距离近，受水流影响大	国内应用较少，国外主要应用在水下工程安装检修、石油勘察钻井定位、管道变形检测等领域
水下磁膜检测技术	优点：检测精度与检测效率高 缺点：只适用于金属构件	适用于水下钢结构缺陷检测
水下交流磁场测量技术	优点：对水下构件表面处理要求低，对水下操作人员的专业技能要求低 缺点：只适用于金属构件	适用于水下钢结构构件及焊缝检测
水下超声波检测技术	优点：技术成熟，检测范围广 缺点：需潜水员潜水测试，检测方法复杂，对检测人员和设备要求高	适用于水下钢结构焊缝检测和构件蚀余厚度检测

第 4 章

现行桥梁技术状况评估规范及
水下结构状况评估研究现状

本章重点针对桥梁下部结构，介绍了现行规范《公路桥梁技术状况评定标准》(JTG/T H21—2011)、《公路桥涵养护规范》(JTG 5120—2021)、《城市桥梁养护技术标准》(CJJ 99—2017) 中有关桥梁技术状况评估规定、评估方法[26-28]。

另外，根据目前桥梁水下结构状况评估成果，即桥梁水下结构病害分级评定、基于自适应神经－模糊推理算法的桥梁水下结构状态评估、基于层次分析法的桥梁水下混凝土结构状态评估模型进行了总结。

4.1 《公路桥梁技术状况评定标准》

4.1.1 评定方法及等级分类

公路桥梁技术状况评定包括桥梁构件、部件、桥面系、上部结构、下部结构和全桥评定。公路桥梁技术状况评定应采用分层综合评定与 5 类桥梁单项控制指标相结合的方法，先对桥梁各构件进行评定，然后对桥梁各部件进行评定，再对桥面系、上部结构和下部结构分别进行评定，最后进行桥梁总体技术状况的评定。

桥梁总体技术状况评定等级分为 1 类、2 类、3 类、4 类、5 类，见表 4.1。

表 4.1 桥梁总体技术状况评定等级

技术状况评定等级	桥梁技术状况描述
1 类	全新状态，功能完好
2 类	有轻微缺损，对桥梁使用功能无影响
3 类	有中等缺损，尚能维持正常使用功能
4 类	主要构件有大的缺损，严重影响桥梁使用功能；或影响承载能力，不能保证正常使用
5 类	主要构件存在严重缺损，不能正常使用，危及桥梁安全，桥梁处于危险状态

桥墩及基础为桥梁主要部件，桥梁主要部件技术状况评定标度分为 1 类、2 类、3 类、4 类、5 类，见表 4.2。

表 4.2　桥梁主要部件技术状况评定标度

技术状况评定标度	桥梁技术状况描述
1 类	全新状态，功能完好
2 类	功能良好，材料有局部轻度缺损或污染
3 类	材料有中等缺损；或出现轻度功能性病害，但发展缓慢，尚能维持正常使用功能
4 类	材料有严重缺损，或出现中等功能性病害，且发展较快；结构变形小于或等于规范值，功能明显降低
5 类	材料严重缺损，出现严重的功能性病害，且有继续扩展现象；关键部位的部分材料强度达到极限，变形大于规范值，结构的强度、刚度、稳定性不能达到安全通行的要求

4.1.2　桥梁技术状况评定

桥梁下部结构构件的技术状况评分的计算公式如下：

$$\mathrm{BMCI}_l = 100 - \sum_{x=1}^{k} U_X \tag{4.1}$$

当 $x=1$ 时

$$U_1 = \mathrm{DP}_{i1}$$

当 $x \geqslant 2$ 时

$$U_x = \frac{\mathrm{DP}_{ij}}{100 \times \sqrt{x}} \times \left(100 - \sum_{y=1}^{x-1} U_y\right)$$

（其中 $j=x$，x 取 2，3，…，k）

当 $k \geqslant 2$ 时，U_1，U_2，…，U_x 公式中的扣分值 DP_{ij} 按照从大到小的顺序排列。

当 $\mathrm{DP}_{ij} = 100$ 时，

$$\mathrm{BMCI}_l = 0$$

式中：BMCI_l——下部结构第 i 类部件 l 构件的得分，值域为 0～100 分；

　　　k——第 i 类部件 l 构件出现扣分的指标的种类数；

　　　U、x、y——引入的变量；

　　　i——部件类别；

　　　j——第 i 类部件 l 构件的第 j 类检测指标；

　　　DP_{ij}——第 i 类部件 l 构件的第 j 类检测指标的扣分值。

DP_{ij} 根据构件各种检测指标扣分值进行计算，扣分值按表 4.3 规定取值。

表 4.3 构件各检测指标扣分值

检测指标所能达到的最高标度类别	指标标度				
	1 类	2 类	3 类	4 类	5 类
3 类	0	20	35	—	—
4 类	0	25	40	50	—
5 类	0	35	45	60	100

桥梁下部结构部件的技术状况评分计算公式如下：

$$BCCI_i = \overline{BMCI} - (100 - BMCI_{min})/t \tag{4.2}$$

式中：$BCCI_i$——下部结构第 i 类部件的得分，值域为 0～100 分；当下部结构中的主要部件某一构件评分值 $BMCI_l$ 在 $[0, 60)$ 区间时，其相应的部件评分值 $BCCI_i = BMCI_l$；

$\overline{BMCI}$——下部结构第 i 类部件各构件的得分平均值，值域为 0～100 分；

$BMCI_{min}$——下部结构第 i 类部件中分值最低的构件得分值；

t——随构件的数量而变的系数，见表 4.4。

表 4.4 t 值

n（构件数）	t	n（构件数）	t	n（构件数）	t	n（构件数）	t
1	∞	11	7.9	21	6.48	40	4.9
2	10	12	7.7	22	6.36	50	4.4
3	9.7	13	7.5	23	6.24	60	4.0
4	9.5	14	7.3	24	6.12	70	3.6
5	9.2	15	7.2	25	6.00	80	3.2
6	8.9	16	7.08	26	5.88	90	2.8
7	8.7	17	6.96	27	5.76	100	2.5
8	8.5	18	6.84	28	5.64	≥200	2.3
9	8.3	19	6.72	29	5.52		
10	8.1	20	6.6	30	5.4		

注：① n 为第 i 类部件的构件总数；② 表中未列出的 t 值采用内插法计算。

桥梁下部结构的技术状况评分计算公式如下：

$$SBCI = \sum_{i=1}^{m} BCCI_i \times W_i \tag{4.3}$$

式中：$SBCI$——桥梁下部结构技术状况评分，值域为 0～100 分；

m——下部结构的部件种类数；

W_i——第 i 类部件的权重，按表 4.5、表 4.6 规定取值；对于桥梁中未设置的部件，应根据此部件的隶属关系，将其权重值分配给各既有部件，分配原则按照各既有部件权重在全部既有部件权重中所占比例进行分配。

梁式桥、拱式桥、斜拉桥下部结构各部件权重值见表 4.5，悬索桥下部结构各部件权重值见表 4.6。

表 4.5　梁式桥、拱式桥、斜拉桥下部结构各部件权重值

部位	类别 i	评价部件	权重
下部结构	1	翼墙、耳墙	0.02
	2	锥坡、护坡	0.01
	3	桥墩	0.30
	4	桥台	0.30
	5	墩台基础	0.28
	6	河床	0.07
	7	调治构造物	0.02

表 4.6　悬索桥下部结构各部件权重值

部位	类别 i	评价部件	权重
下部结构	1	锚碇	0.40
	2	索塔基础	0.30
	3	散索鞍	0.15
	4	河床	0.10
	5	调治构造物	0.05

桥梁总体技术状况评分计算公式如下：

$$D_r = \mathrm{BDCI} \times W_D \times \mathrm{SPCI} \times W_{SP} + \mathrm{SBCI} + W_{SB} \tag{4.4}$$

式中：D_r——桥梁总体技术状况评分，值域为 0～100 分；

BDCI——桥面系技术状况评分，值域为 0～100 分；

SPCI——桥梁上部结构技术状况评分，值域为 0～100 分；

SBCI——桥梁下部结构技术状况评分，值域为 0～100 分；

W_D——桥面系在全桥中的权重，按表 4.7 规定取值；

W_{SP}——上部结构在全桥中的权重，按表 4.7 规定取值；

W_{SB}——下部结构在全桥中的权重，按表 4.7 规定取值。

表 4.7　桥梁结构组成权重值

部位	权重
上部结构	0.40
下部结构	0.40
桥面系	0.20

桥梁技术状况分类界限宜按表 4.8 规定执行，表中 D_j 为桥梁总体技术状况等级。

表 4.8　桥梁技术状况分类界限表

技术状况评分	技术状况等级 D_j				
	1 类	2 类	3 类	4 类	5 类
D_r（SPCI、SBCI、BDCI）	[95，100]	[80，95)	[60，80)	[40，60)	[0，40)

在桥梁技术状况评价中，有下列情况之一时，整座桥应评为 5 类桥：

（1）上部结构有落梁；或有梁、板断裂现象。

（2）梁式桥上部承重构件控制截面出现全截面开裂；或组合结构上部承重构件结合面开裂贯通，造成截面组合作用严重降低。

（3）梁式桥上部承重构件有严重的异常位移，存在失稳现象。

（4）结构出现明显的永久变形，变形大于规范值。

（5）关键部位混凝土出现压碎或杆件失稳倾向；或桥面板出现严重塌陷。

（6）拱式桥拱脚严重错台、位移，造成拱顶挠度大于限值；或拱圈严重变形。

（7）圬工拱桥拱圈大范围砌体断裂，脱落现象严重。

（8）腹拱、侧墙、立墙或立柱产生破坏造成桥面板严重塌落。

（9）系杆或吊杆出现严重锈蚀或断裂现象。

（10）悬索桥主缆或多根吊索出现严重锈蚀、断丝。

（11）斜拉桥拉索钢丝出现严重锈蚀、断丝，主梁出现严重变形。

（12）扩大基础冲刷深度大于设计值，冲空面积达 20% 以上。

（13）桥墩（桥台或基础）不稳定，出现严重滑动、下沉、位移、倾斜等现象。

（14）悬索桥、斜拉桥索塔基础出现严重沉降或位移；或悬索桥锚碇有水平位移或沉降。

当上部结构和下部结构技术状况等级为 3 类、桥面系技术状况等级为 4 类，且桥梁总体技术状况评分为 $40 \leqslant D_r < 60$ 时，桥梁总体技术状况等级应评定为 3 类。

全桥总体技术状况等级评定时，当主要部件评分达到 4 类或 5 类且影响桥梁安全时，可按照桥梁主要部件最差的缺损状况评定。

4.1.3　桥梁下部结构构件技术状况评定

由于本项目是针对水下结构服役状况评估的研究，所以这里主要介绍《公路桥梁技术状况评定标准》（JTG/T H21—2011）中有关桥梁下部结构墩身、基础、河床及调治构造物的技术状况评定。

4.1.3.1　墩身

墩身评定指标及分级评定标准：

（1）蜂窝、麻面评定标准见表 4.9。

（2）剥落、露筋评定标准见表 4.10。

（3）空洞、孔洞评定标准见表 4.11。

（4）钢筋锈蚀评定标准见表 4.12。

（5）混凝土碳化、腐蚀评定标准见表 4.13。

（6）磨损评定标准见表 4.14。

（7）圬工砌体缺陷评定标准见表 4.15。

（8）位移评定标准见表 4.16。

（9）裂缝评定标准见表 4.17。

表 4.9　蜂窝、麻面

标度	评定标准	
	定性描述	定量描述
1	完好	—
2	轻微蜂窝、麻面	累计面积≤构件面积的20%，单处面积≤1.0 m²
3	较多蜂窝、麻面	累计面积＞构件面积的20%，单处面积＞1.0 m²

表 4.10　剥落、露筋

标度	评定标准	
	定性描述	定量描述
1	完好	—
2	局部混凝土剥落、露筋	累计面积≤构件面积的3%，单处面积≤0.5 m²
3	较大范围混凝土剥落、露筋	累计面积＞构件面积的3%且≤构件面积的10%，单处面积≤1.0 m²
4	大范围混凝土剥落、露筋	累计面积＞构件面积的10%，单处面积＞1.0 m²

表 4.11　空洞、孔洞

标度	评定标准	
	定性描述	定量描述
1	完好	—
2	局部空洞、孔洞	累计面积≤构件面积的3%，单处面积≤0.5 m²
3	较大范围空洞、孔洞	累计面积＞构件面积的3%且≤构件面积的10%，单处面积≤0.5 m² 或最大深度≤25 mm
4	大范围空洞、孔洞	累计面积＞构件面积的10%，单处面积＞0.5 m² 或最大深度＞25 mm

表 4.12　钢筋锈蚀

标度	评定标准
	定性描述
1	完好
2	有锈蚀现象
3	钢筋锈蚀，混凝土表面有沿主筋方向的裂缝或混凝土表面有锈迹
4	大量主筋锈蚀，混凝土表面保护层剥落，钢筋裸露，甚至出现主筋锈断现象
5	钢筋严重锈蚀，主筋锈断，混凝土表面开裂严重，出现严重滑动或倾斜等现象

表 4.13　混凝土碳化、腐蚀

标度	评定标准
	定性描述
1	无碳化现象
2	有少量碳化或腐蚀现象，且所有碳化深度均小于混凝土保护层厚度
3	部分位置出现碳化现象，局部碳化深度大于混凝土保护层厚度，混凝土表面少量胶凝料松散粉化，或构件受强酸性液体或气体腐蚀，造成混凝土受到腐蚀，或钢筋出现少量锈蚀，或有冻融现象，造成混凝土出现胀裂
4	大部分位置碳化，碳化深度大于混凝土保护层厚度，混凝土表面胶凝料大量松散粉化，或构件受强酸性液体或气体腐蚀，造成混凝土腐蚀或钢筋大量锈蚀，或有冻融现象，造成混凝土严重胀裂

表 4.14　磨损

标度	评定标准	
	定性描述	定量描述
1	完好	—
2	有磨损现象，个别部位表面磨耗，粗骨料显露	累计面积≤构件面积的 5%
3	较大范围有磨损、缩颈现象，并出现露筋或锈蚀	累计面积＞构件面积的 5% 且≤构件面积的 20%
4	大范围有磨损、缩颈现象，混凝土剥蚀，大范围出现露筋现象，裸露钢筋锈蚀	累计面积＞构件面积的 20%

表 4.15　圬工砌体缺陷

标度	评定标准	
	定性描述	定量描述
1	完好	—
2	砌体局部出现灰缝脱落现象，或砌体局部出现破损、剥落等现象	灰缝脱落累计长度≤构件截面长度的 10%，或破损、剥落累计面积≤构件面积的 3%
3	砌体大范围出现灰缝脱落现象，或砌体较大范围出现破损、剥落、局部变形等现象	灰缝脱落累计长度＞构件截面长度的 10%，或破损、剥落、局部变形等累计面积＞构件面积的 3% 且≤构件面积的 10%
4	砌体大范围出现破损、剥落、松动、变形等现象	破损、剥落、松动、变形等累计面积＞构件面积的 10%

表 4.16　位移

标度	评定标准
	定性描述
1	完好
2	—
3	桥墩出现轻微下沉、倾斜滑动等，发展缓慢或趋向稳定
4	桥墩出现滑动、下沉、倾斜，变形小于或等于规范值
5	桥墩不稳定，出现严重滑动、下沉、位移、倾斜现象，造成结构和桥面变形过大，变形大于规范值或不能正常行车

注：简支梁墩台允许沉降——均匀总沉降值（不包括施工中沉降）：$2.0\sqrt{L}$ cm；相邻墩台均匀沉降差值（不包括施工中沉降）：$1.0\sqrt{L}$ cm；顶面水平位移：$0.5\sqrt{L}$ cm。L 为相邻墩台间最小跨径长度，以米计。跨径小于 25 m 时仍以 25 m 计。

表 4.17　裂缝

标度	评定标准	
	定性描述	定量描述
1	完好，无裂缝	—
2	网状裂缝：局部网状裂缝	网状裂缝：累计面积≤构件面积的 20%，单处面积≤1.0 m²
	墩身的水平裂缝：较少裂缝，缝宽未超限	墩身的水平裂缝：缝长≤墩身直径或墩身宽度的 1/8
	竖向裂缝：较少裂缝，缝宽未超限	竖向裂缝：缝长≤截面尺寸的 1/5
	不等高的墩盖梁上的竖向裂缝：较少裂缝，缝宽未超限	不等高的墩盖梁上的竖向裂缝：缝长≤截面尺寸的 1/3
	悬臂桥墩角隅处的裂缝：较少裂缝，缝宽未超限	悬臂桥墩角隅处的裂缝：缝长≤截面尺寸的 1/3
	镶面石突出的裂缝：局部开裂	镶面石突出的裂缝：累计面积≤构件面积的 10%，单处面积≤0.5 m²
3	网状裂缝：局部网状裂缝	网状裂缝：累计面积＞构件面积的 20%，单处面积＞1.0 m²
	从基础向上发展至墩身的裂缝：较多裂缝，缝宽未超限	从基础向上发展至墩身的裂缝：缝长≤截面尺寸的 1/3，间距≥50 cm
	墩身的水平裂缝：较多裂缝，缝宽未超限	墩身的水平裂缝：缝长＞墩身直径或墩身宽度的 1/8 且≤墩身直径或墩身宽度的 1/2
	墩身的剪切破坏：较多裂缝，缝宽未超限	墩身的剪切破坏：缝长≤截面尺寸的 1/3

标度	评定标准	
	定性描述	定量描述
3	竖向裂缝：较多裂缝，缝宽未超限	竖向裂缝：缝长＞截面尺寸的 1/5 且≤截面尺寸的 1/3，间距≥30 cm
	不等高的墩盖梁上的竖向裂缝：较多裂缝，缝宽未超限	不等高的墩盖梁上的竖向裂缝：缝长＞截面尺寸的 1/3 且≤截面尺寸的 2/3
	悬臂桥墩角隅处的裂缝：较多裂缝，缝宽未超限	悬臂桥墩角隅处的裂缝：缝长＞截面尺寸的 1/3 且≤截面尺寸的 1/2
	镶面石突出的裂缝：局部开裂，少量裂缝宽度超限	镶面石突出的裂缝：累计面积＞构件面积的 10% 且≤构件面积的 20%，单处面积≤1.0 m²
4	从基础向上发展至墩身的裂缝：存在大量裂缝，缝宽大多超限	从基础向上发展至墩身的裂缝：缝长＞截面尺寸的 1/3，间距＜50 cm
	墩身的水平裂缝：存在大量裂缝，缝宽大多超限	墩身的水平裂缝：缝长＞墩身直径或墩身宽度的 1/2
	墩身的剪切破坏：缝宽超限	墩身的剪切破坏：缝长＞截面尺寸的 1/3
	竖向裂缝：存在大量裂缝，缝宽大多超限	竖向裂缝：缝长＞截面尺寸的 1/3，间距＜30 cm
	悬臂桥墩角隅处的裂缝：缝宽超限	悬臂桥墩角隅处的裂缝：缝长＞截面尺寸的 1/2
	不等高的墩盖梁上的竖向裂缝：存在大量裂缝，缝宽大多超限，少部分混凝土出现剥落、露筋	不等高的墩盖梁上的竖向裂缝：缝长＞截面尺寸的 2/3
	镶面石突出的裂缝：多处开裂，裂缝宽度大多超限	镶面石突出的裂缝：累计面积＞构件面积的 20%
5	桥墩出现结构性裂缝，缝宽超限，裂缝有开合现象，桥墩变形失稳	—

4.1.3.2　基础

应对基础及河底铺砌的缺损情况进行详细检查。水下部分可通过相关辅助手段（水下摄像机、水下腐蚀电位测量仪等）进行检查，了解构件的损伤、损坏情况。

基础（包括水下基础）评定指标及分级评定标准：

（1）冲刷、淘空评定标准见表 4.18。

（2）剥落、露筋评定标准见表 4.19。

（3）冲蚀评定标准见表 4.20。

（4）河底铺砌损坏评定标准见表 4.21。

（5）沉降评定标准见表 4.22。

（6）滑移和倾斜评定标准见表 4.23。

（7）裂缝评定标准见表 4.24。

表 4.18　冲刷、淘空

标度	评定标准	
	定性描述	定量描述
1	完好	—
2	基础无冲蚀现象，表面长有青苔、杂草	—
3	基础有局部冲蚀现象，部分外露，但未露出基底	基础冲空面积≤10%
4	浅基被冲空，露出底面，冲刷深度大于设计值	基础冲空面积>10%且≤20%
5	冲刷深度大于设计值，地基失效，承载力降低，或桥台岸坡滑移或基础无法修复	基础冲空面积>20%

表 4.19　剥落、露筋

标度	评定标准	
	定性描述	定量描述
1	完好	—
2	承台出现少量剥落、露筋、锈蚀现象，或基础少量混凝土剥落	累计面积≤构件面积的 3%，单处面积≤0.25 m²
3	承台较大范围出现剥落、露筋、锈蚀现象，或基础小范围出现剥落、露筋、锈蚀现象	剥落、露筋累计面积>构件面积的 3%且≤构件面积的 10%，单处面积>0.25 m² 且≤1.0 m²
4	承台大范围出现严重剥落、露筋、锈蚀现象且混凝土出现严重锈蚀裂缝，或基础较大范围出现剥落、露筋，主筋严重锈蚀	剥落、露筋累计面积>构件面积的 10%且≤构件面积的 20%，单处面积>1.0 m²
5	基础大量剥落、露筋且主筋有锈断现象，基础失稳	基础剥落、露筋累计面积>构件面积的 20%，单处面积>1.0 m²

表 4.20 冲蚀

标度	评定标准	
	定性描述	定量描述
1	完好	—
2	基础或承台有轻微磨损、腐蚀现象，个别部位表面磨耗，粗骨料显露	累计面积≤构件面积的 3%
3	基础或承台大范围被侵蚀，有磨损、缩颈、露筋或者环状冻裂现象；或桩基顶面出现较大空洞	累计面积＞构件面积的 3% 且≤构件面积的 10%
4	混凝土腐蚀或钢筋大量锈蚀并有锈断现象；或有严重冻融现象，造成大面积混凝土胀裂	累计面积＞构件面积的 10%

表 4.21 河底铺砌损伤

标度	评定标准
	定性描述
1	河底铺砌完好，无冲刷现象
2	河底铺砌局部轻微冲刷或损坏
3	河底铺砌冲刷较重或损坏严重
4	河底铺砌出现严重冲刷淘空或损坏

表 4.22 沉降

标度	评定标准
	定性描述
1	完好
2	—
3	出现轻微的下沉，发展缓慢或下沉趋于稳定
4	出现下沉现象，沉降量小于或等于规范值
5	基础不稳定，下沉现象严重，沉降量大于规范值，造成上部结构和桥面系变形过大

注：简支梁基础允许沉降——均匀总沉降值（不包括施工中沉降值）：$2.0\sqrt{L}$ cm；相邻墩台均匀沉降差值（不包括施工中沉降）：$1.0\sqrt{L}$ cm。L 为相邻墩台间最小跨径长度，以米计。跨径小于 25 m 时仍以 25 m 计。

表 4.23 滑移和倾斜

标度	评定标准
	定性描述
1	完好
2	—

续表 4.23

标度	评定标准
	定性描述
3	出现滑移或倾斜，导致支座和墩台支承面轻微损坏，或导致伸缩装置破坏、接缝减小、伸缩机能受损，但发展缓慢或下沉趋于稳定
4	基础出现滑移或倾斜，导致支座和墩台支承面被严重破坏，或导致伸缩装置破坏、接缝减小、伸缩机能完全丧失，或滑移量过大，梁端与胸墙紧贴
5	滑移量过大导致前墙破坏或局部破碎、压曲，或基础不稳定，滑移或倾斜现象严重，或导致梁体从支承面上滑落

表 4.24 裂缝

标度	评定标准	
	定性描述	定量描述
1	完好	—
2	结构应力异常，出现剪切裂缝，缝宽未超限	缝长≤截面尺寸的 1/3
3	结构应力异常，出现剪切裂缝，缝宽未超限	缝长＞截面尺寸的 1/3 且≤截面尺寸的 1/2
4	结构应力异常，出现剪切裂缝或混凝土出现碎裂	缝宽＞限值且≤1.0 mm，缝长＞截面尺寸的 1/2
5	结构应力异常，出现剪切裂缝，裂缝贯通，基础处于失稳状态，或基础出现结构性裂缝甚至断裂	缝宽＞1.0 mm，缝长＞截面尺寸的 1/2

4.1.3.3 河床及调治构造物

河床评定指标及分级评定标准：

（1）堵塞评定标准见表 4.25。

（2）冲刷评定标准见表 4.26。

（3）河床变迁评定标准见表 4.27。

表 4.25 堵塞

标度	评定标准
	定性描述
1	完好
2	局部有漂流物，堵塞河道
3	多处有漂流物堵塞河道
4	河道被完全堵塞

表 4.26　冲刷

标度	评定标准
	定性描述
1	河床稳定，无冲刷现象
2	局部轻微冲刷
3	冲刷较重，墩台底有淘空现象，防护体损坏严重
4	河床压缩，出现严重冲刷淘空，危及桥梁安全

表 4.27　河床变迁

标度	评定标准
	定性描述
1	完好
2	局部轻微淤积
3	河床淤泥严重，河床扩宽有变迁趋势
4	已出现变迁、扩宽现象，并有发展趋势

调治构造物评定指标及分级评定标准：

（1）损坏评定标准见表 4.28。

（2）冲刷、变形评定标准见表 4.29。

表 4.28　损坏

标度	评定标准
	定性描述
1	完好
2	构造物局部断裂，砌体松动、鼓肚、凹陷或灰浆脱落
3	表面出现大面积损坏或坡脚局部损坏
4	需要设置但没有设置调治构造物者

表 4.29　冲刷、变形

标度	评定标准
	定性描述
1	完好
2	边坡局部下滑，基础局部冲空
3	边坡大面积下滑，构造物出现下沉、倾斜、局部坍塌
4	构造物出现下沉、倾斜、坍塌，基础冲蚀严重

4.2 《公路桥涵养护规范》

《公路桥涵养护规范》（JTG 5120—2021）中对桥涵下部结构检查内容进行了详细规定，桥梁技术状况等级评定部分按现行三规范《公路桥梁技术状况评定标准》（JTG/T H21）执行。4.2.2～4.2.4 节还介绍了已废止规范《公路桥涵养护规范》（JTG H11—2004）中有关桥梁技术状况等级评定的相关内容，将其与现行规范进行比较，有助于分析其发展过程。

4.2.1 墩台与基础检查内容

墩台与基础定期检查内容如下：

（1）墩身、台身及基础变位情况。

（2）混凝土墩身、台身、盖梁、台帽及系梁有无开裂、蜂窝、麻面、剥落、露筋、空洞、孔洞、钢筋锈蚀等。

（3）墩台顶面是否清洁，有无杂物堆积，伸缩缝处是否漏水。

（4）圬工砌体墩身、台身有无砌块破损、剥落、松动、变形、灰缝脱落，砌体泄水孔是否堵塞。

（5）桥台翼墙、侧墙、耳墙有无破损、裂缝、位移、鼓肚、砌体松动。台背填土有无沉降或挤压隆起，排水是否畅通。

（6）基础是否发生冲刷或淘空现象，地基有无侵蚀。水位涨落、干湿交替变化处基础有无冲刷磨损、缩颈、露筋，有无开裂，是否受到腐蚀。

（7）锥坡、护坡有无缺陷、冲刷。

4.2.2 评定方法及标准

全桥总体技术状况等级评定，宜采用考虑桥梁各部件权值的综合评定方法。亦可按重要部件最差的缺损状况评定，或对照桥梁技术状况评定标准进行评定。

综合评定采用下式计算：

$$D_r = 100 - \sum_{i=1}^{n} R_i W_i / 5 \qquad (4.5)$$

式中：R_i——各部件评定标度（0～5）；

W_i——各部件权值，$\sum_{i=1}^{n} W_i = 100$；

D_r——全桥结构技术状况评分（0～100）；评分高表示结构状况好，缺损少。

评定分类采用下列界限：

$$D_r \geq 88 \qquad 一类$$

$$88 > D_r \geq 60 \qquad 二类$$

$$60 > D_r \geq 40 \qquad 三类$$

$$40 > D_r \qquad 四类、五类$$

$D_r \geq 60$ 的桥梁并不排除其中有评定标度 $R_i \geq 3$ 的部件，仍需维修。

桥梁各部件权值反映了各部件对全桥综合评定的影响程度，为了使读者对各部件重要性有总体的了解，将规范推荐的桥梁各部件权值列于表 4.30。

表 4.30 规范推荐的桥梁各部件权值

部件	部件名称	权值 W_i	部件	部件名称	权值 W_i
1	翼墙、耳墙	1	10	桥头与路堤连接部	3
2	锥坡、护坡	1	11	伸缩缝	3
3	桥台及基础	23	12	人行道	1
4	桥墩及基础	24	13	栏杆、护栏	1
5	地基冲刷	8	14	灯具、标志	1
6	支座	3	15	排水设施	1
7	上部主要承重构件	20	16	调治构筑物	3
8	上部一般承重构件	5	17	其他	1
9	桥面铺装	1			

桥墩、桥台及基础下部结构权值为 47，连同地基权值共为 55，桥梁下部结构技术状况最为重要。

桥梁技术状况评定等级分为一类、二类、三类、四类、五类，桥梁下部结构技术状况评定标准见表 4.31。

表 4.31　桥梁下部结构技术状况评定标准

	一类	二类	三类	四类	五类
总体状况	完好、良好状态	较好状态	较差状态	差的状态	危险
墩台与基础	1. 墩台各部分完好； 2. 基础及地基状况良好	1. 墩台基本完好； 2. 3%以内的表面有风化、麻面、短细裂缝，缝宽小于限值，砌体灰缝脱落； 3. 表面长有青苔、杂草； 4. 基础无冲蚀现象	1. 墩台3%～10%的表面有各种缺损，裂缝宽超限值，有风化、剥落、露筋、锈蚀现象；砌体灰缝脱落，局部变形等； 2. 出现轻微的下沉、倾斜、滑动等现象，发展缓慢或趋向稳定； 3. 基础有局部冲蚀现象，桩基顶段被磨损	1. 墩台10%～20%的表面有各种缺损，裂缝宽而密，剥落、露筋、锈蚀严重，砌体大面积松动、变形； 2. 墩台出现下沉、倾斜、滑动、冻拔现象，变形小于或等于规范值。台背填土有沉降裂缝或挤压隆起，变形发展较快； 3. 基础冲刷大于设计值，基底冲空面在10%～20%以内。桩基顶段被侵蚀、露筋、缩颈，或有环状冻裂，木桩腐蚀、蛀蚀严重	1. 墩台不稳定，下沉、倾斜、滑动、冻拔现象严重，变形大于规范值，造成上部结构和桥面变形过大，不能正常行车； 2. 墩台、桩基出现结构性裂缝，裂缝宽度超过限值； 3. 基底冲刷深度大于设计值，蚀空面达20%以上。地基承载力降低，桥台岸坡滑移

4.2.3　墩台裂缝限值

墩台裂缝最大限值规定见表 4.32，裂缝超过限值时应进行修补或加固，以保证结构的耐久性。

表 4.32　墩台裂缝限值

结构类型	裂缝种类		允许最大缝宽（mm）	其他要求
墩台	墩台帽		0.30	不允许贯通墩身截面一半
	墩台身	经常受侵蚀性水影响　有筋	0.20	
		无筋	0.30	
		常年有水，但无侵蚀性水影响　有筋	0.25	
		无筋	0.35	
	干沟或季节性有水河流		0.40	
	有冻结作用部分		0.20	

注：表中所列除特指外适用于一般条件。对于潮湿环境和空气中含有较强腐蚀性气体条件下的缝宽限值应要求严格一些。

4.2.4　墩台基础允许沉降

简支梁桥墩台基础的沉降和位移，超过以下容许限值或通过观察裂缝持续发展时，应采取相应措施予以加固：

（1）墩台均匀总沉降值（不包括施工中的沉降）：$2.0\sqrt{L}$（cm）；

（2）相邻墩台总沉降差值（不包括施工中的沉降）：$1.0\sqrt{L}$（cm）；

（3）墩台顶面水平位移值：$0.5\sqrt{L}$（cm）。

L 为相邻墩台间最小跨径，以 m 计，跨径小于 25 m 时仍以 25 m 计算。桩、柱式柔性墩台的沉降，以及桩基承台上墩台顶面的水平位移值，可视具体情况确定，以保证正常使用为原则。

当墩台变位所产生的附加内力影响到桥梁的正常使用和安全时，或桥梁墩台基础自身结构出现大的缺损使承载力不够时，必须进行加固处理。

4.3　《城市桥梁养护技术标准》

4.3.1　等级划分

城市桥梁技术状况应根据完好状态、结构状况等级综合评定。针对不同养护类别，其完好状态、结构状况等级划分及养护对策应符合下列规定：

（1）Ⅰ类养护的城市桥梁完好状态宜分为下列2个等级：

① 合格级——桥梁结构完好或结构构件有损伤，但不影响桥梁安全，应进行保养小修。

② 不合格级——桥梁结构构件损伤，影响结构安全，应立即修复。

（2）Ⅱ类～Ⅴ类养护的城市桥梁完好状态宜按表4.33的规定分为5个等级，其中BCI（Bridge Condition Index）为Ⅱ类～Ⅴ类城市桥梁状况指数，用以表征桥梁结构的完好状态。

表4.33　Ⅱ类～Ⅴ类养护的城市桥梁完好状态分级

等级	状态	BCI范围	养护对策
A级	完好	[90，100]	日常保养
B级	良好	[80，90)	保养小修
C级	合格	[66，80)	针对性小修或中修工程
D级	不合格	[50，66)	检测评估后进行中修、大修或加固工程
E级	危险	[0，50)	检测评估后进行大修、加固或改扩建工程

（3）Ⅱ类～Ⅴ类养护的城市桥梁结构状况宜按表4.34的规定分为5个等级，其中BSI（Bridge Structure Index）为Ⅱ类～Ⅴ类城市桥梁结构状况指数，用以表征桥梁不同组成部分最不利的单个要素或单跨（墩）的结构状况。

表4.34　Ⅱ类～Ⅴ类养护的城市桥梁结构状况分级

等级	状态	BSI范围	养护对策
A级	完好	[90，100]	日常保养
B级	良好	[80，90)	保养小修
C级	合格	[66，80)	针对性小修或局部中修工程
D级	不合格	[50，66)	检测评估后进行局部中修、大修或加固工程
E级	危险	[0，50)	检测评估后进行大修、加固或改扩建工程

4.3.2　检测评分等级

城市桥梁必须按规定进行检测评估。检测评估应根据其内容、周期、评估要求分为经常性检查、定期检测、特殊检测。在城市桥梁技术状况检测评估时，对桥梁因主要构件损坏，影响桥梁结构安全的，Ⅰ类养护的城市桥梁应判定为不合格级，应立即安排修复；Ⅱ类～Ⅴ类养护的城市桥梁应判定为 D 级，并应对桥梁进行结构检测或特殊检测。

表 4.35　下部结构墩台身评分等级、扣分值

损坏类型	定义	损坏评价			说明
墩身水平裂缝	桥墩表面出现与水平面大致平行的裂缝	等级	无	非贯通	贯通	"无"指墩身没有水平裂缝；"非贯通"指墩身的水平裂缝没有相互连接形成环绕整个墩身的水平贯通裂缝；"贯通"指一定数量的墩身水平裂缝相互连接形成环绕整个墩身的水平贯通裂缝
		扣分值	0	20	40	
墩身纵向裂缝	桥墩表面出现与水平面大致垂直的裂缝	等级	无	非贯通	贯通	"无"指墩身没有纵向裂缝；"非贯通"指墩身的纵向裂缝没有相互连接形成自上而下贯通整个墩身的裂缝；"贯通"指一定数量的墩身纵向裂缝相互连接形成自上而下贯通整个墩身的裂缝
		扣分值	0	10	25	
框架式节点裂缝	墩台身上框架式的节点开裂	等级	完好	微裂	贯通	"完好"指框架式节点没有出现任何损坏；"微裂"指框架式节点上出现轻微的裂缝；"贯通"指框架式节点上出现贯通的裂缝
		扣分值	0	15	35	
露筋锈蚀	墩台身表面混凝土脱落后露出内嵌的钢筋并且钢筋产生锈蚀	等级	<1%	1%～2%	>2%	露筋锈蚀的总面积占整个墩台身表面积的百分比
		扣分值	10	25	50	
混凝土剥离	墩台身表面混凝土破裂脱落	等级	<1%	1%～2%	>2%	混凝土剥离的总面积占整个墩台身表面积的百分比
		扣分值	12	20	30	
桥墩倾斜	桥墩的垂直状态	等级	无	轻微	严重	"无"指桥墩垂直状况一切正常；"轻微"指桥墩出现一定的倾斜，无倾覆危险；"严重"指桥墩倾斜严重，有倾覆的危险
		扣分值	0	30	*	
桥面贯通横缝	与桥面道路中线大致垂直并且在横向可能贯通整个桥面的裂缝，有时伴有少量支缝	等级	无	非贯通	贯通	裂缝在垂直于桥面道路中线方向的贯通程度
		扣分值	0	25	50	

注："＊"表示Ⅱ类～Ⅴ类养护的城市桥梁的构件达到该项损坏程度时，扣分值按 80 分计算，该桥的评定等级不应高于 D 级。

表 4.36　下部结构基础评分等级、扣分值

损坏类型	定义	损坏评价				说明
基础冲刷	桥梁基础被水冲刷的程度	等级	无	轻微	严重	"无"指基础没有出现冲刷损坏;"轻微"指基础有冲刷损坏且≤20%;"严重"指基础被冲刷损坏,且面积>20%
		扣分值	0	15	30	
基础淘空	桥梁基础下部被水冲刷形成空洞	等级	无	轻微	严重	"无"指基础没有出现淘空损坏;"轻微"指基础个别位置出现≤20%的淘空破损;"严重"指基础出现面积>20%的淘空破损,严重影响基础结构的完整性
		扣分值	0	35	*	
混凝土桩损坏	桥梁基础下混凝土桩的情况	等级	完好	直径减小	锈蚀	"完好"指混凝土桩完好无损;"直径减小"指混凝土桩被损坏而使其直径减小,但未露钢筋;"锈蚀"指混凝土桩被损坏露出内嵌的钢筋且钢筋产生锈蚀
		扣分值	0	30	40	
基础位移	桥梁基础的位置形态	等级	无	倾斜	坍塌变形	"无"指基础没有出现任何移动;"倾斜"指基础出现轻微倾斜,但还没有出现坍塌变形;"坍塌变形"指基础倾斜严重,出现坍塌变形
		扣分值	0	30	*	

注:"*"表示Ⅱ类~Ⅴ类养护的城市桥梁的构件达到该项损坏程度时,扣分值按80分计算,该桥的评定等级不应高于D级。

定期检测应分为常规定期检测和结构定期检测。常规定期检测应每年1次。结构定期检测应按规定的时间间隔进行,Ⅰ类养护的城市桥梁宜为3年~5年,关键部位可设仪器监控测试;Ⅱ类~Ⅴ类养护的城市桥梁宜为6年~10年。

下部结构常规定期检测应包括支座、盖梁、墩身、台帽、台身、基础、挡土墙、护坡及河床冲刷情况等。

应根据常规定期检测的结果,进行桥梁技术状况的评估和分级。Ⅰ类养护的城市桥梁应按影响结构安全状况进行评估;Ⅱ类~Ⅴ类养护的城市桥梁下部结构墩台身、基础分别按表4.35、表4.36评分等级、扣分表进行评估。

Ⅰ类养护的城市桥梁,结构定期检测应根据桥梁检测技术方案和细节分组,并进行标识,确定相应的检测频率;Ⅱ类~Ⅴ类养护的城市桥梁结构定期检测应包括桥梁结构中的所有构件。

4.3.3 技术状况评估方法

Ⅱ类～Ⅴ类养护的城市桥梁技术状况的评估应采用先构件后部位再综合及与单项直接控制指标相结合的办法评估。应以桥梁状况指数 BCI 确定桥梁技术状况；以桥梁结构指数 BSI 确定桥梁不同组成部位的结构状况。应按分层加权法根据桥梁定期检测记录，对桥面系、上部结构和下部结构按规定的评分等级、扣分值分别进行评估，再综合得出整座桥梁技术状况的评估。

桥梁下部结构技术状况的评估应逐墩（台）进行，然后再计算整座桥梁下部结构的技术状况指数 BCI_x；桥梁下部结构的结构状况采用下部结构的结构状况指数 BSI_x 表示，按下列公式计算 BCI_x、BSI_x 值：

$$BSI_x = \frac{1}{b+1} \sum_{j=0}^{b} BCI_{xj} \tag{4.6}$$

$$BSI_x = \min(BCI_{xj}) \tag{4.7}$$

$$BCI_{xj} = \sum_{k=1}^{d} (100 - SDP_{jk}) \cdot \omega_{jk} \tag{4.8}$$

$$SDP_{jk} = \sum_l DP_{jkl} \cdot \omega_{jkl} \tag{4.9}$$

$$\omega_{jkl} = 3.0\mu_{jkl}^3 - 5.5\mu_{jkl}^2 + 3.5\mu_{jkl} \tag{4.10}$$

$$\mu_{jkl} = \frac{DP_{jkl}}{\sum_l DP_{jkl}} \tag{4.11}$$

式中：BCI_{xj}——第 j 号墩（台）下部结构技术状况指数；

  b——桥梁跨数；

  SDP_{jk}——第 j 号墩（台）下部结构中第 k 类构件的综合扣分值；当 $SDP_{jk} < \max(DP_{jkl})$ 时，取值为 $\max(DP_{jkl})$；当 $SDP_{jk} > 100$ 时，取值为 100；

  ω_{jk}——第 j 号墩（台）下部结构中第 k 类构件的权重，桥墩按表 4.37 的规定取值；

  d——第 j 号墩（台）下部结构的构件类型数；

  DP_{jkl}——第 j 号墩（台）下部结构中第 k 类构件第 l 项损坏的扣分值，按表 4.35、表 4.36 取值；

  ω_{jkl}——第 j 号墩（台）下部结构中第 k 类构件第 l 项损坏的权重；

  μ_{jkl}——第 j 号墩（台）下部结构中第 k 类构件第 l 项损坏的扣分值占第 k 类构件所有损坏扣分值的比例。

表 4.37　桥梁下部结构桥墩各构件的权重值

桥梁类型	构件类型	权重	桥型	构件类型	权重
梁式桥	盖梁	0.15		盖梁	0.10
桁架桥	墩身	0.30	拱桥	墩身	0.30
钢构桥	基础	0.40		基础	0.45
悬臂＋挂梁	支座	0.15		拱脚	0.15

注：在计算 BCI_x 时，未出现的构件类型其权重应按剩余构件类型权重的比例关系重新分配给剩余构件类型。

整个桥梁的技术状况指数 BCI 根据桥面系、上部结构和下部结构的技术状况指数，应按下式计算：

$$BCI＝BCI_m \cdot \omega_m＋BCI_s \cdot \omega_s＋BCI_x \cdot \omega_x \qquad (4.12)$$

式中：BCI_m、BCI_s——桥面系、上部结构技术状况指数；

ω_m、ω_s、ω_x——桥面系、上部结构和下部结构的权重，按表 4.38 的规定取值。

表 4.38　桥梁结构组成部分的权重值

桥梁类型	桥梁部位	权重	桥梁类型	桥梁部位	权重
梁式桥	桥面系	0.15		桥面系	0.10
桁架桥	上部结构	0.40	拱桥	上部结构	0.45
钢构桥 悬臂＋挂梁	下部结构	0.45		下部结构	0.45

桥梁上部结构、下部结构、桥面系以及整座桥梁结构的完好状况、结构状况可按表 4.39 进行评估。

表 4.39　桥梁完好状况、结构状况评估标准

BCI^*、BSI^*	[90，100]	[80，90)	[66，80)	[50，66)	[0，50)
评估等级	A	B	C	D	E

注：BCI^* 表示 BCI、BCI_m、BCI_s 或 BCI_x，BSI^* 表示 BSI、BCI_m、BCI_s 或 BCI_x。

各种类型桥梁有下列情况之一，即可将桥梁技术状况直接评定为不合格级桥或 D 级桥：

（1）预应力梁产生受力裂缝且裂缝宽度超过规范最大限值。

（2）拱桥的拱脚处产生水平位移或无铰拱拱脚产生较大的转动。

（3）钢结构节点板及连接铆钉、螺栓损坏数量在 20％以上，钢箱梁开焊，钢结构主要构件有严重扭曲、变形、开焊，锈蚀削弱截面面积 10％以上。

（4）墩、台、桩基出现结构性断裂缝，或裂缝有开合现象，倾斜、位移、沉降变形危及桥梁安全时。

（5）关键部位混凝土出现压碎或压杆失稳、变形现象。

（6）结构永久变形大于设计标准值。

（7）结构刚度达不到设计标准要求。

（8）支座错位、变形、破损严重或缺失，已失去正常支承功能。

（9）基底冲刷面积达 20％以上。

（10）当通过桥梁验算检测，承载能力下降达 25％以上。

（11）人行道栏杆累计残缺长度大于 20％或单处大于 2 m。

（12）上部结构有落梁和脱空趋势或梁、板断裂。

（13）预应力钢筋锚头严重锈蚀失效。

（14）钢-混凝土组合梁、桥面板发生纵向开裂，支座和梁端区域发生滑移或开裂；斜拉桥拉索、锚具损伤；悬索桥钢索、锚具损伤；系杆拱桥钢丝、吊杆和锚具损伤。

（15）其他各种对桥梁结构安全有较大影响的部件损坏。

4.4 《内河水下工程结构物检测与评定技术规范 第 1 部分：桥梁部分》

安徽省地方标准《内河水下工程结构物检测与评定技术规范 第 1 部分：桥梁部分》（DB34/T 4307.1—2022）详细规定了桥梁结构水下结构技术状况评定方法与评定标准，其整体与《公路桥梁技术状况评定标准》基本保持一致，但在局部的部件权重、墩身外观缺陷评定指标与分级评定标准方面有所调整。本节主要分析其与《公路桥梁技术状况评定标准》存在差异的部分。

4.4.1 评定方法及等级分类

桥梁水下结构物技术状况评定等级与《公路桥梁技术状况评定标准》中桥梁

总体技术状况评定等级保持一致，具体见表 4.1 所列。

桥梁水下结构物技术状况评定标度根据主要部件和次要部件进行评定，其中主要部件包括桥墩、桥台、基础。次要部件包括锥坡、护坡、河床及调治构造物、防撞设施。

桥梁水下结构物主要部件技术状况评定标度分为 1 类、2 类、3 类、4 类、5 类，见表 4.40。

表 4.40　桥梁水下结构物主要部件技术状况评定标度

技术状况评定标度	技术状况描述
1 类	全新状态，功能完好
2 类	功能良好，部件有局部轻微缺损或污染
3 类	部件有中等缺损或出现轻度功能性病害，但发展缓慢尚能维持正常使用功能
4 类	结构变形小于或等于规范值*，但功能明显降低，或部件有严重缺损，或出现中等功能性病害且发展较快
5 类	结构变形大于规范值，结构刚度、稳定性不能达到安全通行的要求，或部件严重缺损，出现严重的功能性病害，且有继续扩展现象

* 参照 JTG/T H21，简支梁墩台允许沉降——均匀总沉降值（不包括施工中沉降）：$2.0\sqrt{L}$ cm；相邻墩台均匀沉降差值（不包括施工中沉降）：$1.0\sqrt{L}$ cm；顶面水平位移：$0.5\sqrt{L}$ cm。L 为相邻墩台间最小跨径长度，以米计，跨径小于 25 m 时仍以 25 m 计。

桥梁水下结构物次要部件技术状况评定标度分为 1 类、2 类、3 类、4 类，见表 4.41。

表 4.41　桥梁水下结构物次要部件技术状况评定标度

技术状况评定标度	技术状况描述
1 类	全新状态，功能完好或功能良好，部件有轻度缺损、污染等
2 类	有中度等缺损或污染
3 类	部件有严重缺损，出现功能降低，进一步恶化将不利于主要部件，或影响正常交通
4 类	部件有严重缺损，失去应用功能。或原无设置，而调查需要补设

4.4.2　桥梁技术状况评定

桥梁水下结构物技术状况评定方法与《公路桥梁技术状况评定标准》中桥梁总体技术状况评定方法保持一致，但安徽省地方标准中以"防撞设施"替换了

"翼墙、耳墙"作为水下结构评价部件，权重值为 0.02，其他评定部件和部件权重值和《公路桥梁技术状况评定标准》中的下部结构（悬索桥除外）保持一致。桥梁水下结构物技术状况评定等级也与《公路桥梁技术状况评定标准》保持一致。

4.5 桥梁水下结构状况评估研究现状

4.5.1　桥梁水下结构病害分级评定

从上述现行的规范、标准可以看出，目前对于桥梁水下结构检测的内容及方法均未作详细规定，缺乏适用于桥梁水下结构检测的专门的安全评估体系。而对桥梁结构安全性作出准确评估的前提条件就是首先应确定桥梁水下结构病害的分级评定标准[14]。

4.5.1.1　水下结构病害分类

（1）基础冲刷病害

处于水流中的桥梁基础周围流场主要包括桥墩前涌波、桥墩迎水面的下降水流、两侧扰流在床面附近形成的马蹄形漩涡、桥墩两侧形成的尾流漩涡及桥墩后的漩涡。每个漩涡都形成了一个低气压中心，使漩涡区床面静止的泥沙发生阵发性随机运动，当水流流速达到泥沙起动流速时，泥沙就开始起动并向下游移动，导致基础冲刷病害。

桥梁常采用的基础分为扩大基础及桩基础。采用扩大基础结构的桥梁，基础持力层一旦受到水流冲刷淘空，对于桥梁结构安全性影响非常大。桩基础又可分为嵌岩桩和摩擦桩，冲刷对嵌岩桩承载力影响不大；而采用摩擦桩基础的桥梁，桩基础受到局部冲刷将使得原有摩擦桩有效桩长变短，降低了原有桩基础的承载力。

（2）基础变形病害

桥梁水下基础底面河床在发生持续冲刷、淘空作用下，基础持力层发生改变，将导致基础倾斜、滑移或沉降，一旦桥梁基础发生变形，对于连续梁、连续刚构桥、拱桥这一类超静定结构，即使少量的基础变形仍会对桥梁整体受力产生很大不利影响，严重影响桥梁结构整体安全性。此外，在巨大偶发性外力荷载作用下，如船舶撞击桥梁下部结构，质量较大的浮冰、漂流物撞击桥墩或基础，都可能引起基础变形病害。

（3）混凝土表面病害

常见水下混凝土结构表面病害有以下几类：

① 干湿交替处混凝土表面麻面、骨料外露和疏松脱壳等病害。主要因高速水流冲刷、淘刷、磨损和气蚀作用形成，常发生在河流急弯、结构物断面突变及不平整部位。

② 混凝土表面空洞、露筋、缩径、扩径等病害。往往是施工原因所致，若桥梁建完后在上游新建水电站将引起水文重大变化，导致河床变迁或降低，使得原来埋在河床以下的基础及基础病害暴露出来，对结构安全性、耐久性影响较大。

③ 混凝土表面成块破损、刮擦等病害，甚至导致构件倾斜。此类病害是由机械、船舶、漂流物或其他坚硬物体撞击所造成的。病害常见部位为桥墩、承台与基础等。

④ 水下混凝土结构物表层裂缝对结构构件的损坏。这种病害更为严重，特别是近海或沿海地区，桥梁水下钢筋混凝土易受海水侵蚀而破坏，因此，海洋环境中的建筑物腐蚀程度大于陆上建筑物。

⑤ 近海或沿海水下混凝土表面易滋生众多海生物，混凝土发生腐蚀，对于结构安全性有一定影响。

⑥ 冻融、风化剥蚀使混凝土表面疏松脱壳或成块脱落。主要成因是严寒地区的冰冻、干湿交替的循环作用及侵蚀性水的化学作用。常发生在水位变化及水经常接触的部位。

（4）其他病害

设计时基础结构形式、尺寸选取不合理，及未按要求设置调治构造物，这对桥梁整体结构安全性均会产生不利影响。此外，由于水下基础施工质量较难控制，若施工时立柱与桩基错位，也会影响结构受力。

4.5.1.2 水下结构病害分级评定

根据桥梁水下结构常见病害类别及其产生原因，同时考虑到能与现有的《公路桥梁技术状况评定标准》（JTG/T H21—2011）及《公路桥涵养护规范》（JTG 5120—2021）相互衔接，将桥梁水下结构各检测指标的病害分级标准定为良好、较好、较差、差和危险五种状态，对应的评定标度分别为 1、2、3、4、5。

（1）基础冲刷病害

陈亮[14] 依据参与检测评定的几十座桥梁水下结构检测结果，同时借鉴《公路桥梁技术状况评定标准》（JTG/T H21—2011）中的评定指标，考虑到不同基础（扩大基础、摩擦桩基础、嵌岩桩基础）受冲刷时对桥梁结构安全性影响不同，按三种基础类型将基础冲刷病害评定标准分为不同标度，评定标准按照定性描述和定量描述，见表 4.42～表 4.44。

表 4.42　扩大基础冲刷、淘空

标度	评定标准	
	定性描述	定量描述
1	无冲刷、淘空	—
2	基础无明显冲蚀现象	—
3	基础局部冲蚀，部分外露，未露出基底	基础淘空面积≤10%
4	浅基被冲空，露出底面，冲刷深度大于设计值	基础淘空面积>10%且≤20%
5	冲刷深度大于设计值，地基失效，承载力降低，或桥台岸坡滑移或基础无法修复	基础淘空面积>20%

表 4.43　摩擦桩基础冲刷、淘空

标度	评定标准	
	定性描述	定量描述
1	桩基完好，基础无冲刷淘空	—
2	桩基无明显外露，基础无明显冲蚀现象	—
3	桩基础局部冲蚀，桩身部分外露	桩基础外露长度≤10%
4	桩基础局部冲蚀，桩身外露	桩基础外露长度>10%且≤20%
5	桩基础冲蚀明显，桩身外露，桩基础承载力降低较多	桩基础外露长度>20%

表 4.44　嵌岩桩基础冲刷、淘空

标度	评定标准	
	定性描述	定量描述
1	桩基完好，基础无冲刷淘空	—
2	基础局部冲蚀，桩身部分外露	—

注：嵌岩桩基础冲刷对于承载力影响很小，标度设为 1、2 两度。

（2）基础变形病害

陈亮[14] 依据参与检测评定的几十座桥梁水下结构检测结果，借鉴《公路桥梁技术状况评定标准》（JTG/T H21—2011）中的评定指标，考虑到基础变形指标较难以量化反映，将基础变形病害评定标准分为5度，基础变形病害按定性描述见表4.45。

表 4.45 基础沉降、滑移和倾斜

标度	评定标准
	定性描述
1	完好
2	—
3	出现轻微下沉、滑移或倾斜，基础变形发展缓慢或趋于稳定；导致支座和墩台支承面轻微损坏，或导致伸缩装置破坏、接缝减小、伸缩机能受损
4	出现下沉、滑移或倾斜，基础变形小于或等于规范值；导致支座和墩台支承面严重破坏，或导致伸缩装置破坏、接缝减小、伸缩机能完全丧失
5	基础不稳定，沉降、滑移或倾斜现象严重；变形量大于规范值；导致上部结构或构件变形过大

（3）混凝土构件表面病害

《公路桥梁技术状况评定标准》（JTG/T H21—2011）中将桥梁基础构件的表面病害细分为混凝土剥落、露筋、冲蚀、裂缝等评定指标再分别确定其标度。陈亮[14] 在实际桥梁结构安全性评定工作中发现，采用该评定方法有可能出现由于各构件表面病害的分项评定指标分别扣分后，造成整体结构评定扣分较多，而与实际桥梁结构安全性状态不符的情况。考虑到上述几种评定指标都属于构件表面病害，同时这几种评定指标对结构安全性影响基本相同，因此可将这几种评定指标归纳为构件表面病害来统一进行评定。由于某一标度存在多条评定标准细则，实际操作时按所有细则中最不利细则取用。采用该评定方法可更为准确地反映桥梁结构安全状态，同时也便于实际桥梁的安全性评定。混凝土构件表面病害评定标准见表4.46，原参考文献中还包括钢结构病害，由于本节主要针对混凝土结构，所以删除了钢结构相关内容。

表 4.46 混凝土构件表面病害

标度	评定标准
1	① 基本上完好无损，构件表面无附着物 ② 混凝土表面无剥落、冲蚀，无明显裂缝
2	① 构件表面有部分附着物，近海或沿海构件海生物覆盖面积≤50% ② 有部分剥落、蜂窝、麻面和露筋，个别部位表面磨耗，粗骨料显露，累计面积≤5% ③ 少量裂缝，缝宽在限制范围内，缝长≤截面尺寸的1/3
3	① 构件表面有附着物，近海或沿海构件海生物覆盖面积>50% ② 出现较多剥落、蜂窝、麻面和露筋，较大范围表面磨耗，粗骨料显露，累计面积>5%且≤10% ③ 出现剪切裂缝，缝宽在限制范围内，缝长>截面尺寸的1/3且≤截面尺寸的1/2
4	① 构件表面有大量附着物，近海或沿海构件海生物密布 ② 大范围出现剥落、蜂窝、麻面和露筋，表面磨耗严重，粗骨料显露，累计面积>10%且≤20% ③ 出现较多剪切裂缝，缝宽超出限值，缝长>截面尺寸的1/2
5	① 构件表面有大量附着物，近海或沿海构件海生物满布，严重影响基础受力 ② 大量剥落、露筋且主筋有锈断现象，混凝土大量缺失，基础承载力不足 ③ 出现结构性裂缝，裂缝贯通甚至断裂

（4）其他病害

陈亮[14] 依据参与检测评定的几十座桥梁水下结构检测结果，借鉴《公路桥梁技术状况评定标准》（JTG/T H21—2011）中的评定指标，将基础其他病害评定标准分为 4 度，其他病害评定标准按定性描述见表 4.47。

表 4.47 其他病害

标度	评定标准
	定性描述
1	① 河道无漂流物，河床稳定，河床无变迁 ② 调治结构物无破损 ③ 结构型式选取合理，立柱与桩基对齐
2	① 河道局部有少量漂流物，河床局部轻微淤积 ② 调治构造物轻微破损 ③ 结构型式选取合理，立柱与桩基偏差较小，偏差距离≤1/20构件尺寸
3	① 河道多处有漂流物，阻塞河道；河床淤泥严重，河床有变迁趋势 ② 调治构造物大面积损害 ③ 立柱与桩基偏差较大，偏差距离>1/20构件尺寸且≤1/10构件尺寸

续表 4.47

标度	评定标准
	定性描述
4	① 河道有大量漂流物，河道完全阻塞；河床已变迁，并有发展趋势 ② 未按要求设置调治构造物 ③ 立柱与桩基偏差严重，偏差距离＞1/10 构件尺寸

4.5.2 基于自适应神经-模糊推理算法的桥梁水下结构状态评估

徐建勇等[15] 将影响水下结构承载能力和耐久性的各项因素根据因果关系进行分层归纳，建立了基于自适应神经-模糊推理算法（Adaptive-Network-Based Fuzzy Inference System，ANFIS）的桥梁水下结构状态评估系统，该系统层次关系如图 4.1 所示。另外，借鉴层次分析法的思路，以水下结构评估的两个方面（承载能力评估和耐久性评估）作为目标层，将水下结构性能指标概括为 3 大类，分别以环境条件、材料性能和结构病害作为水下结构评估系统的第 1 层，并对第 1 层的 3 个指标进行细分，得到包含 75 个评估指标、划分层次为 5 层的一个评估系统。

基于水下结构评估的层次性特点，建立了由多个单级 ANFIS 系统串并联而成的多级 ANFIS 系统。系统的构成与水下结构性能指标体系的层次结构如图 4.2 所示。从图 4.2 可看出，"环境条件-水环境-水质"这一子系统的末端，由 2 个输入变量"泥沙含量""水质化学成分"和 1 个输出变量"水质"构成了单级 ANFIS，而"水质"又作为其中一个输入项目与"水流速度""冻融程度"共同构成前一层次的 ANFIS，从而致使所有指标不断向前推进，最终构成整个"水下结构性能指标"的 ANFIS 模型。

利用所建立的 ANFIS 评估系统，输入底层指标的评定等级可进行水下结构性能的评定。评估前可选择评定构件的承载能力或耐久性，导入不同的教师数据对系统进行训练，使系统获得相应的评定方法。实际工程运用时，这些教师数据来源于专家对同类结构的评定意见。

教师数据量对评估系统误差的影响表现为教师数据量越大，评估系统误差越小，评估结果越准确，当数量达到 200 以后，误差趋于稳定。所以该评估系统需要大量完整的水下结构现场检测数据。

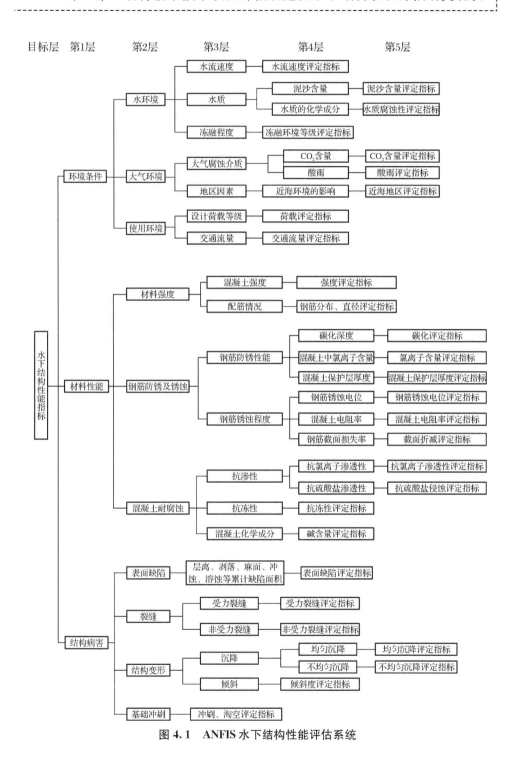

图 4.1　ANFIS 水下结构性能评估系统

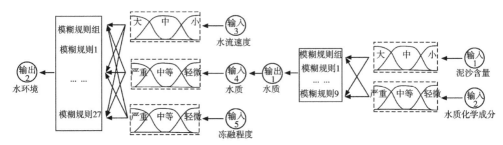

图 4.2　子系统"水下结构性能指标-环境条件-水环境"的 ANFIS 模型层次

4.5.3　基于层次分析法的桥梁水下混凝土结构状态评估模型

4.5.3.1　水下混凝土结构层次分析模型

陈阳等[16] 采用层次分析法（Analytic Hierarchy Process，AHP）评价桥梁水下混凝土结构状态，根据病害分析及结构服役环境，提出层析分析模型，如图 4.3 所示。图 4.3 中 A_i 为各层级的判断矩阵；第 1 层分为环境条件、材料性能及结构病害，这里将钢筋锈蚀作为材料性能来考虑；第 2 层中环境条件分为水环境和大气环境，材料性能分为钢筋性能和混凝土性能，结构病害分为表面缺陷、裂缝、结构变形、基础冲刷四类；第 3 层分为抵抗能力和退化现状，其中对于不可再分为抗力及退化的参数直接作为底层参数；第 4 层为底层参数。

层次分析法中，底层参数均可通过外观检查或特殊检测等方式获得。参照相关规范规定来评价底层实测结果指标参数，将底层权重和病害程度相组合确定上一层指标，依次递增，最终获得水下混凝土结构整体状况评价结果。

4.5.3.2　构造判断矩阵

层次分析法通过构造各层次判断矩阵确定参数权重值。判断矩阵形式如下式：

$$A = \begin{bmatrix} a_{11} & a_{12} & \cdots & a_{1n} \\ a_{21} & a_{22} & \cdots & a_{2n} \\ \vdots & \vdots & \vdots & \vdots \\ a_{n1} & a_{n2} & \cdots & a_{nn} \end{bmatrix} \tag{4.13}$$

式中：A——判断矩阵；

n——指标个数；

a_{ij}——指标间两两比较的重要性标度，用表 4.48 所列的 1～9 标度（或其倒数）给出。

A 是一致性正互反矩阵，满足下式一致性条件。

$$a_{ij} \geqslant 0; \qquad a_{ij} = \frac{1}{a_{ji}}; \qquad a_{ii} = 1 \qquad (4.14)$$

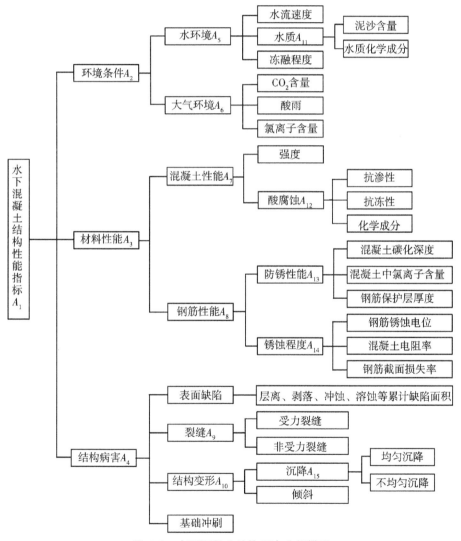

图 4.3　水下混凝土结构层次分析模型

表 4.48　判断矩阵相对重要性标度及含义

标度	含义
1	两个因素相比，具有同样重要性
3	一个因素比另一个因素稍微重要
5	一个因素比另一个因素明显重要
7	一个因素比另一个因素强烈重要
9	一个因素比另一个因素极端重要
2，4，6，8	上述两相邻判断的中值
倒数	倒数判断矩阵对称位置互为倒数

　　构造矩阵中各因素间两两比较的重要性标度由专家经验得到，即把专家经验转化为参数权重值。根据各层参数的权重值，计算参数总排序权重值。

4.5.3.3　层次排序及一致性检验

　　层次排序包含层次单排序及层次总排序。层次单排序是对于上一层次某因素而言，本层次各因素的重要性排序；层次总排序是对于目标层而言，底层各因素的重要性排序。层次排序实际是求解判断矩阵最大特征根对应的特征向量的过程。对于一致性判断矩阵 A 而言，A 的最大特征根 $\lambda = n$，其余 $n-1$ 个特征根均等于 0。当人为构造的判断矩阵偏离式（4.14）的一致性条件时，用最大特征根对应的归一化特征向量作为权向量 $\boldsymbol{\omega}$，则

$$A\boldsymbol{\omega} = \lambda_{\max}\boldsymbol{\omega} \tag{4.15}$$

式中：$\lambda_{\max}$——A 的最大特征根，且 $\lambda_{\max} \geqslant n$；

　　　　$\boldsymbol{\omega}$——权向量，$\boldsymbol{\omega}$ $(\omega_1，\omega_2，\cdots，\omega_n)^{\mathrm{T}}$，且 $\sum_{i=1}^{n}\omega_i = 1$。

　　$\lambda_{\max}$ 比 n 大得越多，则 A 的不一致性就越严重，引起的判断误差也就越大，故需对一致性进行检验。引入一致性指标 CI，用式（4.16）表示。对于不同阶数的判断矩阵而言，需区别对待一致性要求，再引入平均随机一致性指标 RI，见表 4.49。当阶数大于 2 时，两者的比值称为一致性比率 CR，计算公式见式（4.17）：

$$CI = (\lambda_{\max} - n) / (n-1) \tag{4.16}$$

$$CR = CI/RI \tag{4.17}$$

　　当 CR 小于 0.1 时，不一致程度可以接受。

表 4.49　平均随机一致性指标

矩阵阶数	3	4	5	6	7	8	9	$\geqslant 10$
RI	0.58	0.90	1.12	1.24	1.32	1.41	1.45	$\geqslant 1.56$

　　该方法矩阵繁多，权重值计算复杂。

第 5 章

桥梁水下结构服役状况评估

本章在第4章现行桥梁技术状况评估规范及水下结构状况评估研究现状的基础上，提出了与现行规范、标准体系相互衔接的水下结构分级评定标准、服役状况评估方法。

5.1 评估方法确定原则及评估部件范围

通过第4章现行桥梁技术状况评估规范及水下结构状况评估研究现状，可知水下结构服役状况评估方法的确定要遵循以下三个原则：

（1）考虑水下结构服役状况评估结果的客观性、可比性，评估方法与现行规范、标准体系相互衔接，也有利于实际工程应用。

（2）便于检测评估技术人员掌握，简便明确，可操作性强。

（3）尽可能利用已有成果。

根据《公路桥涵养护规范》（JTG 5120—2021）、《公路桥梁技术状况评定标准》（JTG/T H21—2011）、《城市桥梁养护技术标准》（CJJ 99—2017）、《堤防工程安全评价导则》（SL/Z 679—2015）、《水闸安全评价导则》（SL 214—2015）所涉及的水下结构评价部件，结合目前实际工程情况，对于桩基础型式，桥梁水下结构主要部件有立柱（涉及立柱偏位情况）、承台与桩基（包括摩擦桩、嵌岩桩）、河床、调治构造物；对于扩大基础型式，水下结构部件有水下墩身、扩大基础、河床、调治构造物。

5.2 水下结构分级评定标准

根据《公路桥梁技术状况评定标准》（JTG/T H21—2011），陈亮[14] 建议，结合目前实际工程情况，确定桥梁水下病害分级评定标准，若某一标度存在多条评定标准细则，实际操作时按所有细则中最不利细则取用。主要按以下7类病害分级评定：（1）基础沉降、滑移和倾斜；（2）承台表面病害；（3）桩基（泥面以上）表面病害；（4）摩擦桩基础冲刷、淘空；（5）嵌岩桩基础冲刷、淘空；（6）扩大基础冲刷、淘空；（7）其他病害。

评定指标包含定性和定量指标，进行评定时需综合考虑定性指标和定量指标，如果实际情况不能同时满足两项，可根据实际情况进行判别。

5.2.1　基础沉降、滑移和倾斜分级评定

基础沉降、滑移和倾斜分级评定标准见表 5.1，该分级评定标准同表 4.43。

表 5.1　基础沉降、滑移和倾斜分级评定标准

标度	评定标准
	定性描述
1	完好
2	—
3	出现轻微下沉、滑移或倾斜，基础变形发展缓慢或趋于稳定；导致支座和墩台支承面轻微损坏，或导致伸缩装置破坏、接缝减小、伸缩机能受损
4	出现下沉、滑移或倾斜，基础变形小于或等于规范值；导致支座和墩台支承面严重破坏，或导致伸缩装置破坏、接缝减小、伸缩机能完全丧失
5	基础不稳定，沉降、滑移或倾斜现象严重；变形量大于规范值；导致上部结构或构件变形过大

5.2.2　承台表面病害分级评定

承台表面病害分级评定标准见表 5.2。

表 5.2　承台表面病害分级评定标准

标度	评定标准
1	① 基本上完好无损，构件表面无附着物 ② 混凝土表面无剥落、冲蚀，无明显裂缝
2	① 构件表面有部分附着物，近海或沿海构件海生物覆盖面积≤50% ② 承台有部分剥落、蜂窝、麻面、露筋、锈蚀现象，个别部位表面磨耗，粗骨料显露，累计面积≤5% ③ 少量裂缝，缝宽在限制范围内，缝长≤截面尺寸的 1/3
3	① 构件表面有附着物，近海或沿海构件海生物覆盖面积>50% ② 承台出现较多剥落、蜂窝、麻面、露筋、锈蚀现象，较大范围表面磨耗，粗骨料显露，累计面积>5% 且≤10% ③ 出现剪切裂缝，缝宽在限制范围内，缝长>截面尺寸的 1/3 且≤截面尺寸的 1/2

标度	评定标准
4	① 构件表面有大量附着物，近海或沿海构件海生物密布 ② 承台大范围出现严重剥落、露筋、锈蚀现象且混凝土出现严重锈蚀裂缝，表面磨耗严重，粗骨料显露，累计面积＞10%且≤20% ③ 出现剪切裂缝或混凝土出现碎裂，缝宽超出限值且≤1.0 mm，缝长＞截面尺寸的1/2
5	出现剪切裂缝，裂缝贯通

5.2.3 桩基（泥面以上）表面病害分级评定

桩基（泥面以上）表面病害分级评定标准见表 5.3。

表 5.3 桩基（泥面以上）表面病害分级评定标准

标度	评定标准
1	① 基本上完好无损，构件表面无附着物 ② 混凝土表面无剥落、冲蚀，无明显裂缝
2	① 构件表面有部分附着物，近海或沿海构件海生物覆盖面积≤50% ② 少量混凝土剥落，个别部位表面磨耗，粗骨料显露，累计面积≤5% ③ 少量裂缝，缝宽在限制范围内，缝长≤截面尺寸的1/3
3	① 构件表面有附着物，近海或沿海构件海生物覆盖面积＞50% ② 小范围出现剥落、露筋、锈蚀现象，较大范围表面磨耗，粗骨料显露，桩基顶面出现较大空洞，累计面积＞5%且≤10% ③ 出现剪切裂缝，缝宽在限制范围内，缝长＞截面尺寸的1/3且≤截面尺寸的1/2
4	① 构件表面有大量附着物，近海或沿海构件海生物密布 ② 桩基较大范围出现剥落、露筋，主筋严重锈蚀，表面磨耗严重，粗骨料显露，累计面积＞10%且≤20% ③ 出现较多剪切裂缝或混凝土出现碎裂，缝宽超出限值且≤1.0 mm，缝长＞截面尺寸的1/2
5	① 构件表面有大量附着物，近海或沿海构件海生物满布，严重影响基础受力 ② 大量剥落、露筋且主筋有锈断现象，混凝土大量缺失，基础承载力不足 ③ 出现结构性裂缝，裂缝贯通甚至断裂

5.2.4 摩擦桩基础冲刷、淘空分级评定

摩擦桩基础冲刷、淘空分级评定标准见表 5.4，该分级评定标准同表 4.43。

表 5.4　摩擦桩基础冲刷、淘空分级评定标准

标度	评定标准	
	定性描述	定量描述
1	桩基完好，基础无冲刷淘空	—
2	桩基无明显外露，基础无明显冲蚀现象	—
3	桩基础局部冲蚀，桩身部分外露	桩基础外露长度≤10%
4	桩基础局部冲蚀，桩身外露	桩基础外露长度>10%且≤20%
5	桩基础冲蚀明显，桩身外露，桩基础承载力降低较多	桩基础外露长度>20%

5.2.5　嵌岩桩基础冲刷、淘空分级评定

嵌岩桩基础冲刷、淘空分级评定标准见表 5.5。

表 5.5　嵌岩桩基础冲刷、淘空分级评定标准

标度	评定标准
	定性描述
1	桩基完好，基础无冲刷淘空
2	基础局部冲蚀

5.2.6　扩大基础冲刷、淘空分级评定

扩大基础冲刷、淘空分级评定标准见表 5.6，该分级评定标准同表 4.42。

表 5.6　扩大基础冲刷、淘空分级评定标准

标度	评定标准	
	定性描述	定量描述
1	无冲刷、淘空	—
2	基础无明显冲蚀现象	—
3	基础局部冲蚀，部分外露，未露出基底	基础淘空面积≤10%
4	浅基被冲空，露出底面，冲刷深度大于设计值	基础淘空面积>10%且≤20%
5	冲刷深度大于设计值，地基失效，承载力降低，或桥台岸坡滑移或基础无法修复	基础淘空面积>20%

5.2.7 其他病害分级评定

其他病害分级评定标准见表 5.7。

表 5.7 其他病害分级评定标准

标度	评定标准
	定性描述
1	① 河道无漂流物，河床稳定，河床无变迁 ② 调治构造物无破损 ③ 结构形式选取合理，立柱没有偏位
2	① 河道局部有少量漂流物，河床局部轻微淤积 ② 调治构造物轻微破损 ③ 结构形式选取合理，立柱偏位较小，偏差距离≤1/20 构件尺寸
3	① 河道多处有漂流物，阻塞河道；河床淤泥严重，河床有变迁趋势 ② 调治构造物大面积损坏 ③ 立柱偏位较大，偏差距离>1/20 构件尺寸且≤1/10 构件尺寸
4	① 河道有大量漂流物，河道完全阻塞；河床已变迁，并有发展趋势 ② 未按要求设置调治构造物 ③ 立柱偏位严重，偏差距离>1/10 构件尺寸

5.3 水下结构服役状况评估方法

水下结构服役状况评估方法可参考第 4 章中的技术状况评定方法，针对水下结构特点，将下部结构或构件转换成水下结构或构件。

水下结构构件的服役状况评分计算公式如下：

$$\text{WMCI}_l = 100 - \sum_{x=1}^{k} U_x \tag{5.1}$$

当 $x=1$ 时

$$U_1 = \text{DP}_{i1}$$

当 $x \geq 2$ 时

$$U_x = \frac{\text{DP}_{ij}}{100 \times \sqrt{x}} \times \left(100 - \sum_{y=1}^{x-1} U_y\right)$$

（其中 $j=x$，x 取 2，3，…，k）

当 $k \geqslant 2$ 时，U_1，U_2，$\cdots$，U_x 公式中的扣分值 DP_{ij} 按照从大到小的顺序排列。

当 $DP_{ij} = 100$ 时

$$WMCI_l = 0$$

式中：$WMCI_l$——水下结构第 i 类部件 l 构件的得分，值域为 0～100 分；

　　　k——第 i 类部件 l 构件出现扣分的指标的种类数；

　　　U、x、y——引入的变量；

　　　i——部件类别；

　　　j——第 i 类部件 l 构件的第 j 类检测指标；

　　　DP_{ij}——第 i 类部件 l 构件的第 j 类检测指标的扣分值。

DP_{ij} 根据水下构件各种检测指标扣分值进行计算，扣分值按表 5.8 规定取值。表中检测指标所能达到的最高标度 3 类、4 类、5 类的构件扣分值与表 4.3 扣分值相同。对于嵌岩桩结构，由于基础冲刷对承载力影响很小，最高标度类别设为 2 类，根据最高标度 3 类、4 类、5 类的 2 类构件扣分趋势，并结合《城市桥梁养护技术标准》（CJJ 99—2017）下部结构基础评分等级、扣分值表（表 4.36）中基础冲刷轻微等级扣分值，最后确定 2 类指标标度的扣分值为 15 分。

表 5.8　水下构件各检测指标扣分值

检测指标所能达到的最高标度类别	指标标度				
	1 类	2 类	3 类	4 类	5 类
2 类	0	15	—	—	—
3 类	0	20	35	—	—
4 类	0	25	40	50	—
5 类	0	35	45	60	100

桥梁水下结构部件的服役状况评分计算公式如下：

$$WCCI_i = \overline{WMCI} - (100 - WMCI_{min}) / t \tag{5.2}$$

式中：$WCCI_i$——水下结构第 i 类部件的得分，值域为 0～100 分；当水下结构中的主要部件某一构件评分值 $WCCI_l$ 在 $[0，60)$ 区间时，其相应的部件评分值 $WCCI_i = WMCI_l$；

　　　$\overline{WMCI}$——水下结构第 i 类部件各构件的得分平均值，值域为 0～100 分；

　　　$WMCI_{min}$——水下结构第 i 类部件中分值最低的构件得分值；

　　　t——随构件的数量而变的系数，见表 5.9。

表5.9 t 值

n（构件数）	t	n（构件数）	t	n（构件数）	t	n（构件数）	t
1	∞	11	7.9	21	6.48	40	4.9
2	10	12	7.7	22	6.36	50	4.4
3	9.7	13	7.5	23	6.24	60	4.0
4	9.5	14	7.3	24	6.12	70	5.6
5	9.2	15	7.2	25	6.00	80	5.2
6	8.9	16	7.08	26	5.88	90	2.8
7	8.7	17	6.96	27	5.76	100	2.5
8	8.5	18	6.84	28	5.64	≥200	2.3
9	8.3	19	6.72	29	5.52		
10	8.1	20	6.6	30	5.4		

注：①n 为第 i 类部件的构件总数；②表中未列出的 t 值采用内插法计算。

桥梁水下结构的服役状况评分计算公式如下：

$$\text{SWCI} = \sum_{i=1}^{m} \text{WCCI}_i \times W_i \tag{5.3}$$

式中：SWCI——桥梁水下结构服役状况评分，值域为 0～100 分；

$\quad\quad m$——水下结构的部件种类数；

$\quad\quad W_i$——第 i 类部件的权重，按表5.10规定取值，对于桥梁中未设置的部件，将其权重值分配给各既有部件，分配原则按照各既有部件权重在全部既有部件权重中所占比例进行分配。

表5.10 水下结构各部件权重值

基础型式	类别 i	评价部件	权重
桩基础	1	立柱	0.45
	2	承台与桩基	0.42
	3	河床	0.10
	4	调治构造物	0.03
扩大基础	1	水下墩身	0.45
	2	扩大基础	0.42
	3	河床	0.10
	4	调治构造物	0.03

水下结构各部件权重值的确定是利用表 4.5 梁式桥、拱式桥、斜拉桥下部结构各部件权重值，将该表中未考虑的部件权重值分配给各既有部件，分配原则根据各既有部件权重在全部既有部件权重中所占比例进行分配。表 5.10 中的立柱、承台与桩基、水下墩身、扩大基础分别与表 4.5 中的桥墩、基础、桥墩、基础对应，可计算得到承台与桩基合并在一起的桩基础及扩大基础型式的水下结构部件权重值。

桥梁水下结构服役状况分类界限按表 5.11 确定，表中 D_w 为桥梁水下结构服役状况等级。

表 5.11　桥梁水下结构服役状况分类界限表

水下结构服役状况评分	水下结构服役状况等级 D_w				
	1 类	2 类	3 类	4 类	5 类
SWCI	[95，100]	[80，95)	[60，80)	[40，60)	[0，40)

5.4　小结

重点针对桥梁下部结构，介绍了现行规范《公路桥涵养护规范》（JTG 5120—2021）、《公路桥梁技术状况评定标准》（JTG/T H21—2011）、《城市桥梁养护技术标准》（CJJ 99—2017）中有关桥梁技术状况的评估规定、评估方法。

根据目前桥梁水下结构状况评估成果，即桥梁水下结构病害分级评定、基于自适应神经-模糊推理算法的桥梁水下结构状态评估、基于层次分析法的桥梁水下混凝土结构状态评估模型进行了总结。

在现行规范、标准及已有成果基础上，提出了与现行规范、标准体系相互衔接的桥梁水下结构分级评定标准、服役状况评估方法。确定了以下 7 类桥梁水下病害分级评定标准：（1）基础沉降、滑移和倾斜；（2）承台表面病害；（3）桩基（泥面以上）表面病害；（4）摩擦桩基础冲刷、淘空；（5）嵌岩桩基础冲刷、淘空；（6）扩大基础冲刷、淘空；（7）其他病害。根据《公路桥梁技术状况评定标准》（JTG/T H21—2011）最高标度 3 类、4 类、5 类的 2 类构件扣分趋势，结合《城市桥梁养护技术标准》（CJJ 99—2017）下部结构基础评分等级、扣分值，确定了 2 类指标标度的扣分值为 15 分。依据对应关系，计算得到了桩基础（承台与桩基合并在一起）、扩大基础型式的水下结构各部件权重值。

第 6 章

其他水下工程结构检测与评定技术

6.1　船闸水下结构检测与评定技术

6.1.1　检测范围与检测内容

安徽省地方标准《内河水下工程结构物检测与评定技术规范 第 3 部分：船闸部分》（DB34/T 4307.3—2022）中，对内河船闸水下结构的检测与评定做出了相关规定。

船闸水下工程结构物检测主要对船闸水下设施及水下设备开展检测，船闸水下工程结构物检测范围应包括水工结构、船闸闸阀门、附属设施等。

船闸水工结构检测应包括闸首闸室的边墙、底板，输水系统的输水廊道及消能工以及对通航建筑物运行存在影响引航道及口门区、上下游导航墙、靠船建筑物等。

船闸闸门检测应包括门体结构、背拉杆、止水装置、底枢、行走和支撑装置以及锁定装置等，阀门检测应包括门体、支铰及支铰座、支撑装置、止水装置、通气设施等。

附属设施检测应包括系船设施、爬梯、钢栏杆、防撞装置等。

船闸水工结构水下应检测以下内容：（1）水下部位淤积、障碍物、冲坑和塌陷等；（2）止水失效、结构缝与施工缝错位、结构断裂等；（3）结构破损渗漏、结构界面渗漏；（4）裂缝的位置、走向、长度、数量等；（5）混凝土构件露石、露筋、剥落、钢筋锈蚀缺损的区域位置和破损情况，砌石结构的外观损伤等；（6）输水系统发现空化、声振等现象时应进行空蚀检测，检测内容应包括空蚀部位、空蚀坑形状、最大深度等特征尺寸与剥蚀量等；（7）水下结构物具备干场检测条件时，应按照 JTS 239、JTS 304 的规定对混凝土外观质量、混凝土强度、混凝土碳化深度、钢筋保护层厚度、钢筋锈蚀程度等内容开展检测。

引航道口门区、岸坡水下检测应包括引航道水下整体尺度、淤积、障碍物、冲坑和塌陷，岸坡外观质量、淤积、冲坑和塌陷。

船闸闸阀门水下检测应包括外形尺寸及变形检测、止水检测、腐蚀检测、运行状态检查、运转件耐磨等，并应符合 SL 101 的规定。

6.1.2 水下结构评定

船闸水下工程结构物评定应包括船闸水下设施和船闸水下设备技术状态评定。根据专项检测、定期检测或特殊检测的方案内容，技术状态等级评定应对相应的设施现状性态、设备现状性能进行检测与评定。

船闸水下工程结构物构件评定单元宜按闸首、闸室、输水系统、引航道、导航墙、靠船建筑物、岸坡、闸阀门等进行划分。

船闸设备与设施的技术状态应根据专项检测、定期检测或特殊检测的结果，对存在或潜在的安全隐患及其严重程度进行分析与评定。

水下工程结构物技术状态等级评定应采用设施和设备两者中最差的技术状态类别作为水下结构物技术状态的类别，船闸水下工程结构物技术状态等级见表 6.1。

表 6.1 船闸水下工程结构物技术状态等级

等级	技术状态	评定标准
一级	好	① 主体结构完好，各项功能完备；② 无明显破损、变形；③ 运行平稳，运行指标满足设计要求
二级	一般	① 主体结构基本完好，主要功能正常；② 局部有不影响运行安全的破损、变形、锈蚀等缺陷；③ 运行有轻微异响或卡阻
三级	较差	① 主体结构出现缺陷；② 部分功能缺失或运行指标超标；③ 有较多的破损、变形、锈蚀等缺陷；④ 运行有较大异响或明显卡阻
四级	差	① 主体结构出现严重缺陷或主要功能缺失；② 无法稳定运行；③ 其他影响运行安全的缺陷

船闸设施技术状态等级见表 6.2，船闸设备技术状态等级见表 6.3。

表 6.2　船闸设施技术状态等级

项目		技术状态			
		一级（好）	二级（一般）	三级（较差）	四级（差）
闸首闸室	边墙	结构稳定，无明显变形，混凝土表面完好轻度空蚀、剥蚀，破损，表面无裂缝或有轻微裂缝，无明显渗漏	结构出现较小变形，混凝土表面有局部剥蚀，破损，存在较小宽度的裂缝或微量渗漏，不影响安全和正常使用	结构发生较大变形，混凝土表面剥蚀，破损明显，剥蚀深度≥5 mm，破损深度≥50 mm；破损面积≥30 cm²；存在较大宽度的裂缝或影响安全使用，其中有耐久性要求的裂缝宽度≥0.2 mm，有防水要求的裂缝宽度≥0.1 mm，渗漏部位的渗漏量≥0.5 L/min	结构发生严重变形，混凝土剥蚀，破损严重，存在严重裂缝或破损严重影响安全渗漏，严重影响安全使用
	底板	结构稳定，无明显变形，混凝土表面完好无裂缝或有轻度空蚀、剥蚀，破损，表面无裂缝或有轻微裂缝，无明显渗漏	结构出现较小变形，混凝土表面有局部剥蚀，破损，存在较小宽度的裂缝或微量渗漏，不影响安全和正常使用	结构发生较大变形，混凝土表面剥蚀，破损深度≥5 mm，破损深度≥30 mm，破损面积≥30 cm²；存在较大宽度的裂缝或影响安全使用，其中有耐久性要求的裂缝宽度≥0.25 mm，有防水要求的裂缝宽度≥0.1 mm，渗漏部位的渗漏量≥0.5 L/min	结构发生严重变形，混凝土剥蚀，破损严重，存在严重裂缝或破损严重影响安全渗漏，严重影响安全使用
输水系统	输水廊道门井及分流口段	混凝土表面完好轻度空蚀、剥蚀，破损，表面无裂缝或有轻微裂缝	混凝土表面有明显空蚀、剥蚀，破损，存在较小宽度的裂缝	混凝土表面气蚀、剥蚀，破损较严重，气蚀、破损面积≥10 cm²，气蚀深度≥2 mm，破损深度≥10 mm，其中有耐久性要求的裂缝宽度≥0.2 mm；存在较大宽度的裂缝，有防水要求的裂缝宽度≥0.1 mm	混凝土表面空蚀、剥蚀，破损严重，存在严重裂缝
	输水廊道其他段	混凝土表面完好轻度空蚀、剥蚀，破损，表面无裂缝或有轻微裂缝	混凝土表面有明显空蚀、剥蚀，破损，存在较小宽度的裂缝	混凝土表面气蚀、剥蚀，破损较严重，气蚀、破损面积≥10 cm²；气蚀深度≥2 mm，破损深度≥20 mm，存在较大宽度的裂缝，其中有耐久性要求的裂缝宽度≥0.2 mm，有防水要求的裂缝宽度≥0.1 mm	混凝土表面空蚀、剥蚀，破损严重，存在严重裂缝

续表 6.2

项目		技术状态			
		一级（好）	二级（一般）	三级（较差）	四级（差）
输水系统	消能工	结构完好或有轻度破损，表面无裂缝或有轻微裂缝	结构有局部空洞、剥蚀、破损，存在较小宽度的裂缝	结构损坏严重，混凝土表面剥蚀深度≥60 mm，破损面积≥30 cm²，影响消能效果，其中有耐久性要求的裂缝宽度≥0.1 mm	结构损坏严重，混凝土表面剥蚀深度≥10 mm，破损面积≥30 cm²；存在较大宽度的裂缝，严重影响消能效果，其中有耐久性要求的裂缝宽度≥0.2 mm，有防水要求的裂缝宽度≥0.1 mm
	引航道及口门区	引航道及口门区维护尺度、水流条件无异常，满足通航要求	引航道及口门区维护尺度、水流条件局部超标，但不影响通航要求	引航道及口门区维护尺度、水流条件恶化，对通航产生一定影响	引航道及口门区维护尺度、水流条件恶化，不满足通航要求
	导航墙、靠船墩	结构稳定，无明显变形，混凝土表面完好或轻度破损，表面无裂缝或有轻微裂缝	结构出现较小变形，混凝土表面有局部剥蚀、破损，存在较小宽度的裂缝，不影响安全和正常使用	结构发生较大变形，混凝土表面剥蚀、破损明显，剥蚀深度≥10 mm；存在较大宽度的裂缝，影响安全使用，其中有耐久性要求的裂缝宽度≥0.30 mm，有防水要求的裂缝宽度≥0.15 mm，破损面积≥50 cm²	结构发生严重变形，混凝土剥蚀、破损严重，存在严重裂缝，严重影响安全使用
	岸坡	岸坡结构完好、护面结构完好、无异常	基本完好，护面层略有散乱，不影响堤身稳定	护面层散乱，小于 10% 的块体断裂或者缺失，垫层暴露，不影响边坡稳定	护面层散乱、下滑，10% 以上的块体断裂或者缺失，垫层大范围暴露，影响边坡稳定
	水工辅助设施	浆砌块石结构稳定，护舷、护角和钢板护面、爬梯和钢栏护栏完好	浆砌块石出现裂缝；护舷、护角和钢板护面护栏局部松动；爬梯和钢护栏局部变形、脱焊	浆砌块石裂缝；护舷、护角和钢板护面局部脱落或破损；爬梯和钢栏杆严重损坏	浆砌块石结构安全稳定危及及结构安全；护舷、护角和钢板护面严重脱落或破损；护面、爬梯和钢栏杆严重损坏、整体断裂
	系船设施	完好，运转正常	有轻度磨损、锈蚀、裂纹，运转有轻度摩擦、卡阻	有较严重的磨损、锈蚀、裂纹，运转有较严重摩擦、卡阻	有严重磨损、锈蚀、裂纹，运转有严重摩擦、卡阻

表6.3　船闸设备技术状态等级

项目		一级（好）	二级（一般）	三级（较差）	四级（差）
人字闸门	门体及背拉杆	门体外观和防腐层完好；运转无异响，卡阻	运转有轻微异响，卡阻；锈蚀面积小于10%；涂层粉化，起皮，起泡爬梯，防护梁局部变形损坏，背拉杆有轻度变形；跳动量，承压条间隙，门形几何尺寸等参数超标100%以内	运转有较大异响，振动，卡阻；锈蚀面积超过10%；涂层粉化，起皮，起泡面积超过20%；面板，爬梯，防护梁有较大变形损坏；部分受力构件有裂纹，背拉杆有较大变形，松弛；跳动量，承压条间隙，门形几何尺寸等重要参数超标100%以上	门体严重变形或者损坏，无法有效挡水，传力
	止水装置	挡水效果良好	有漏水	有较大漏水	止水橡皮撕裂；止水压板脱落
	底板	润滑良好，运转正常	有轻微异响，卡阻	润滑不良；有明显异响，卡阻	底板抱死
	锁定装置	运转正常，无异响	有轻微异响	有严重异响，运转严重异响，卡阻	无法完成锁定功能
三角闸门	门体	门体外观和防腐层完好；运转无异响，卡阻	运转有轻微异响，卡阻；锈蚀面积小于10%；涂层粉化，起皮，起泡面积小于20%；面板局部变形损坏；跳动量，承压条间隙，门形几何尺寸等重要参数超标100%	运转有较大异响，振动，卡阻；锈蚀面积超过10%；涂层粉化，起皮，起泡面积超过20%；面板有较多变形损坏，部分受力构件有裂纹；跳动量，承压条间隙，门形几何尺寸等重要参数超标100%以上	门体严重变形或者损坏，无法有效挡水，传力
	止水装置	挡水效果良好	有漏水	有较大漏水	止水橡皮撕裂；止水压板脱落
	底板	润滑良好，运转正常	有轻微异响，卡阻	润滑不良；有明显异响，卡阻	底板抱死

续表 6.3

项目		技术状态			
		一级（好）	二级（一般）	三级（较差）	四级（差）
横拉闸门	门体	门体外观和防腐层完好；运转无异响、卡阻	运转有轻微异响，卡阻；锈蚀面积小于10%；涂层粉化、起皮，起泡面积小于20%；面板、爬梯局部变形损坏	运转有较大异响，卡阻；锈蚀面积超过10%；涂层粉化、起皮，起泡面积超过20%；面板有较多变形损坏；部分受力构件伴有裂纹	门体严重变形或者损坏，无法有效挡水、传力
	止水装置	挡水效果良好	有轻微漏水	有较大漏水	止水橡皮撕裂；止水压板板脱落
	行走和支承装置	运转正常、无异响、晃动、迟滞	运转有异响，晃动、迟滞；滚轮或滚轮轴、轴套有磨损，轮座结螺栓有松动；门联与闸门损量小于5 mm，轨道压板有松动	运转有较大异响，晃动、迟滞；滚轮或滚轮轴、轴套有较大磨损，轮座结螺栓有较多松动；门联与闸门量大于5 mm以上，错位2 mm以上；轨道压板有较多松动	平车无法运行；滚轮抱死；轨道严重磨损，或接头错位大于工作面宽度的20%
平面阀门	门体	门体外观和防腐层完好；运转无异响、卡阻	运转有轻微异响，卡阻；锈蚀面积小于10%；涂层粉化、起皮，起泡面积小于20%；面板、爬梯局部变形损坏	运转有较大异响，卡阻；锈蚀面积超过10%；涂层粉化、起皮，起泡面积超过20%；面板有较多变形损坏；部分受力构件伴有裂纹	门体严重变形或者损坏；主要受力构件开裂
	吊杆	结构完好，运转平稳	结构基本完好，运转中有轻微磨损	结构明显变形、锈蚀；运转中有轻度抖动	结构严重变形，开裂；轴、轴套抱死或者运行中卡动
平面阀门	支承装置	运转正常、无异响，晃动、迟滞	导轮或导轮轴、轴套结螺栓有松动；座与闸门门联结螺栓有松动	导轮或导轮轴、轴套有较大磨损，裂纹、轮座与闸门门联结螺栓有较多松动	导轮抱死
	止水装置	挡水效果良好	有轻微漏水	有较大漏水	止水橡皮撕裂；止水压板板脱落

6.2 码头水下结构检测与评定技术

6.2.1 评定方法及等级分类

《水运工程水工建筑物检测与评估技术规范》（JTS 304—2019）中，对水运工程水工建筑物的检测与评估从安全性、适用性和耐久性 3 个方面开展评估分级，具体分级标准和处理要求见表 6.4～表 6.6。

表 6.4 水运工程水工建筑物安全性评估分级标准及处理要求

等级	分级标准	处理要求
A	安全性符合国家有关标准要求，具有足够的承载能力	不必采取措施
B	安全性略低于国家有关标准要求，尚不显著影响承载能力	宜加强检测，视情况采取维护措施
C	安全性不符合国家有关标准要求，显著影响承载能力	及时进行修复、补强，视条件和要求恢复到 A 级或 B 级标准
D	安全性严重不符合国家有关标准要求，已严重影响承载能力	立即进行修复、补强，视条件和要求恢复到 B 级标准或报废

表 6.5 水运工程水工建筑物适用性评估分级标准及处理要求

等级	分级标准	处理要求
A	建筑物整体完好，变形、位移均在设计允许范围内	不必采取措施
B	建筑物整体完好，变形、位移略超出设计允许范围，但不影响正常使用	宜加强监测，视情况采取维护措施
C	建筑物整体破损明显，变形、位移明显超出设计允许范围，影响正常使用	及时进行修复、补强，视条件和要求恢复到 A 级或 B 级标准
D	建筑物整体破损严重，变形、位移过大，显著影响安全性和整体使用功能	立即进行修复、补强，视条件和要求恢复到 B 级标准或报废

表 6.6 水运工程水工建筑物耐久性评估分级标准及处理要求

等级	分级标准	处理要求
A	材料劣化度符合 A 级标准规定，耐久性满足设计使用年限要求	不必采取措施

等级	分级标准	处理要求
B	材料劣化度符合 B 级标准规定，耐久性基本满足设计使用年限要求，结构损伤尚不影响承载能力	及时采取修复措施
C	材料劣化度符合 C 级标准规定，耐久性不满足设计使用年限要求，结构损伤已影响承载能力	立即采取修复、补强措施
D	材料劣化度符合 D 级标准规定，耐久性不满足设计使用年限要求，结构严重损坏	视条件采取修复、补强措施或报废

6.2.2　水运混凝土结构耐久性病害分级标准

混凝土结构耐久性检测与评估主要包括氯盐引起的钢筋锈蚀劣化、混凝土碳化引起的钢筋锈蚀劣化和混凝土冻融劣化，其中氯盐引起的钢筋锈蚀劣化、混凝土碳化引起的钢筋锈蚀劣化耐久性评估应包括混凝土结构外观劣化度评估和结构使用年限预测两部分。混凝土构件外观劣化度分级标准见表 6.7。

表 6.7　混凝土构件外观劣化度分级标准

构件		等级			
类别	检测项目	A	B	C	D
板	钢筋锈蚀	无	混凝土表面可见局部锈迹	锈迹较多，钢筋锈蚀范围较广	锈迹普遍，钢筋表面部分或全部锈蚀，钢筋截面面积明显减小
	裂缝	无	局部有微小锈蚀裂缝，裂缝宽度小于 0.3 mm	锈蚀裂缝较多或呈网状，裂缝宽度在 0.3 mm～1.0 mm 之间	大面积锈蚀裂缝呈网状，裂缝宽度大于 1.0 mm
	剥离剥落	无	局部小面积空鼓和剥落，空鼓和剥落面积小于区域面积的 10%	局部有剥落，空鼓和剥落面积小于区域面积 30%	大面积剥落，空鼓和剥落面积达到区域面积的 30%

构件		等级			
类别	检测项目	A	B	C	D
梁/桩与桩帽	钢筋锈蚀	无	混凝土表面可见局部锈迹	锈迹较多，钢筋锈蚀范围较广	锈迹普遍，钢筋表面大部分或全部锈蚀，钢筋截面面积明显减小
	裂缝	无	局部有微小锈蚀裂缝，裂缝宽度小于 0.3 mm	裂缝较多，部分为顺筋连续裂缝，裂缝宽度在 0.3 mm～3.0 mm 之间	大面积顺筋连续裂缝，裂缝宽度大于 3.0 mm
	剥离剥落	无	局部剥落，剥落长度小于构件长度的 5%	局部剥落，剥落长度小于构件长度的 10%	剥落长度大于构件长度的 10%

《水运工程水工建筑物检测与评估技术规范》（JTS 304—2019）规定，外观劣化度评估等级为 C 级或 D 级的构件应进行安全性和适用性评估。

混凝土冻融劣化度评估分级标准应符合表 6.8 的规定。

表 6.8　混凝土冻融劣化度评估分级标准

等级	分级标准
A	整体结构完好，表面平整，棱角俱在
B	表面出现麻面或脱皮现象，局部石子外露，棱角变圆，松顶现象明显
C	棱角棱线消失，石子脱落较多，局部钢筋外露，表面破坏面积小于 40%，松顶破坏严重
D	边缘及棱角全部破坏，大面积钢筋外露，表面破坏面积达 40% 以上，局部穿洞或呈洞穴状，表面疏松

冻融劣化度为 A 级或 B 级的混凝土构件宜通过现场取样进行混凝土抗冻融试验确定其剩余抗冻融循环次数。冻融劣化度为 B 级或 C 级的钢筋混凝土结构应进行钢筋锈蚀耐久性检测与评估。冻融劣化度为 C 级或 D 级的钢筋混凝土结构应进行安全性和适用性评估。

6.2.3　水运钢结构耐久性病害分级标准

《水运工程水工建筑物检测与评估技术规范》（JTS 304—2019）对钢结构耐

久性病害分级标准进行了相关规定，对钢结构使用年限、耐久性评估分级标准、水下区以上部分涂层劣化评估分级标准进行了规定，但对水下区的钢结构涂层劣化评估分级标准未予以说明。

钢结构耐久性评估验算断面的选取应综合考虑钢材腐蚀状况和结构应力分布状况等不利因素；验算断面尺寸宜采用调查结果的平均值，并应考虑坑蚀程度的影响。钢结构使用年限应根据腐蚀情况检测结果计算：

$$t_e = t_s + \frac{D_f - D_t}{V}$$

式中：t_e——钢结构使用年限（a）；

　　　t_s——检测时钢结构已使用年限（a）；

　　　D_f——检测时钢结构的平均厚度（mm）；

　　　D_t——按承载能力极限状态计算得出的钢结构厚度（mm）；

　　　V——钢结构腐蚀速度（mm/a）。

钢结构耐久性评估分级标准应符合表 6.9 的规定。

表 6.9　钢结构耐久性评估分级标准及处理要求

等级	分级标准	处理要求
A	具有足够的承载能力，耐久性满足设计使用年限要求	不必采取措施
B	腐蚀尚不显著影响承载能力，耐久性不满足设计使用年限要求	及时采取修复措施
C	腐蚀已显著影响承载能力，耐久性不满足设计使用年限要求	立即采取修复、补强措施
D	腐蚀已严重影响承载能力，耐久性不满足设计使用年限要求	视情况采取修复、补强措施或报废

钢结构水下区以上部位涂层劣化检测包括：（1）涂层的粉化、变色、裂纹、起泡和脱落生锈等外观变化情况；（2）涂层干膜厚度；（3）涂层与钢结构间的粘结力。钢结构水下区以上部位涂层劣化评估分级标准及处理要求应符合表 6.10 的规定。

表 6.10　钢结构水下区以上部位涂层劣化评估分级标准及处理要求

等级	分级标准	处理要求
A	同时符合下列条件时： (1) 无粉化变色或轻微粉化变色，无裂纹、起泡和脱落生锈； (2) 涂层干膜厚度不小于原设计厚度的 90%； (3) 涂层粘结力不小于 5.0 MPa	不必采取措施
B	符合下列任一条件时： (1) 明显粉化变色，分散的裂纹、起泡和脱落生锈面积不大于 0.3%； (2) 涂层干膜厚度小于原设计厚度的 90% 且不小于原设计厚度的 75%； (3) 涂层粘结力小于 5.0 MPa 且不小于 4.0 MPa	及时进行局部修补
C	符合下列任一条件时： (1) 较严重粉化变色，裂纹、起泡和脱落生锈面积大于 0.3% 且不大于 1.0%； (2) 涂层干膜厚度小于原设计厚度的 75%； (3) 涂层粘结力小于 4.0 MPa	立即进行修补
D	符合下列任一条件时： (1) 严重粉化变色，大范围的裂纹、起泡和脱落生锈面积大于 1.0%； (2) 涂层干膜厚度小于原设计厚度的 75%； (3) 刀刮容易剥离	立即进行全面修补

注：对于构件水下部位达到 B、C、D 级的处理措施应根据设计和使用要求确定。

6.2.4　结构安全性分级标准

《水运工程水工建筑物检测与评估技术规范》（JTS 304—2019）对码头的安全性评估采用复核验算进行分级评估，共分为 4 个等级；并分别对重力式码头、板桩码头、高桩码头、斜坡码头和浮码头进行了详细规定。安徽省地方标准《内河水下工程结构物检测与评定技术规范　第 2 部分：港口部分》（DB 34/T 4307.2—2022）中，对码头结构技术状态分级分别从整体稳定性、主要结构及构件完好度、承载能力等方面进行综合评定，其中码头水下钢筋混凝土构件技术状态分级见表 6.11。

表 6.11　码头水下钢筋混凝土构件技术状态分级表

项目	等级			
	A	B	C	D
钢筋混凝土最大挠度	$r \geqslant 1.00$	$0.95 \leqslant r < 1.00$	$0.90 \leqslant r < 0.95$	$r < 0.90$
钢筋混凝土最大裂缝宽度	$r \geqslant 1.00$	$0.80 \leqslant r < 1.00$	$0.70 \leqslant r < 0.80$	$r < 0.70$
预应力混凝土拉应力极限值	$r \geqslant 1.00$	$0.95 \leqslant r < 1.00$	$0.90 \leqslant r < 0.95$	$r < 0.90$

注：r 表示规范限值与实测值或验算值的比值。

重力式码头、板桩码头、高桩码头复核计算内容和评级标准同《水运工程水工建筑物检测与评估技术规范》（JTS 304—2019）的规定。

6.3　混凝土结构缺陷检测与评估技术

依据《水工混凝土建筑物缺陷检测和评估技术规程》（DL/T 5251—2010）对混凝土缺陷进行评估，并提出缺陷处理判定原则。混凝土缺陷评估标准见表 6.12，混凝土缺陷处理判定原则见表 6.13。

表 6.12　混凝土缺陷评估标准

序号	项目	类型	特性	分类标准	
1	水工大体积混凝土裂缝	A 类裂缝	龟裂或细微裂缝	缝宽：$\delta<0.2$ mm	缝深：$h\leqslant300$ mm
		B 类裂缝	表层或浅层裂缝	缝宽：0.2 mm$<\delta<0.3$ mm	缝深：300 mm$<h\leqslant1\,000$ mm
		C 类裂缝	深层裂缝	缝宽：0.3 mm$<\delta<0.5$ mm	缝深：$1\,000$ mm$<h\leqslant5\,000$ mm
		D 类裂缝	贯穿性裂缝	缝宽：$\delta\geqslant0.5$ mm	缝深：$h>5\,000$ mm
	水工钢筋混凝土裂缝	A 类裂缝	龟裂或细微裂缝	缝宽：$\delta<0.2$ mm	缝深：$h\leqslant300$ mm
		B 类裂缝	表层或浅层裂缝	缝宽：0.2 mm$<\delta<0.3$ mm	缝深：300 mm$<h\leqslant1\,000$ mm 且不超过结构宽度的 1/4
		C 类裂缝	深层裂缝	缝宽：0.3 mm$<\delta<0.4$ mm	缝深：$1\,000$ mm$<h\leqslant2\,000$ mm 或大于结构厚度 1/4
		D 类裂缝	贯穿性裂缝	缝宽：$\delta\geqslant0.4$ mm	缝深：$h>2\,000$ mm 或大于结构厚度 2/3
2	渗漏	A 类渗漏	轻微渗漏	轻微的面渗或点渗	
		B 类渗漏	一般渗漏	局部集中渗漏 J 产生溶蚀	
		C 类渗漏	严重渗漏	存在射流或同渗漏	
3	冻融剥蚀	A 类冻融剥蚀	轻微冻融剥蚀	冻融剥蚀深度 $h\leqslant10$ mm	
		B 类冻融剥蚀	一般冻融剥蚀	冻融剥蚀深度 10 mm$<h\leqslant50$ mm	
		C 类冻融剥蚀	严重冻融剥蚀	冻融剥蚀深度 $h>50$ mm 或冻融剥蚀造成钢筋暴露	
4	钢筋锈蚀	A 类锈蚀	轻微锈蚀	混凝土保护层完好，但钢筋局部存在锈迹	
		B 类锈蚀	中度锈蚀	混凝土未出现顺筋开裂剥落，钢筋锈蚀范围较广，截面损失小于 10%	
		C 类锈蚀	严重锈蚀	钢筋表面大部分或全部锈蚀，截面损失大于 10% 或承载力失效，或混凝土出现顺筋开裂剥落。	

续表 6.12

序号	项目	类型	特性	分类标准
5	磨损和空蚀	A 类磨损空蚀	轻微磨损空蚀	局部混凝土粗骨料外露
		B 类磨损空蚀	中度磨损空蚀	混凝土磨损范围和程度较大,局部混凝土粗骨料脱落,形成不连续的磨损面(未露钢筋)
		C 类磨损空蚀	严重磨损空蚀	混凝土粗骨料外露,形成连续的磨损面,钢筋外露
6	碳化	A 类碳化	轻微碳化	大体积混凝土的碳化
		B 类碳化	一般碳化	钢筋混凝土碳化深度小于钢筋保护层厚度
		C 类碳化	严重碳化	钢筋混凝土碳化深度达到或超过钢筋保护层厚度

表 6.13　混凝土缺陷处理判定原则

序号	项目	特性	判定原则	备注
1	水工大体积混凝土裂缝	A 类裂缝	位于一类环境条件时,可不进行处理;位于二类、三类环境条件时应进行处理	一类环境:室内或露天环境;二类环境:迎水面,地下水环境,或有侵蚀地下水环境;三类环境:过流面,海水或盐雾作用区
		B 类裂缝		
		C 类裂缝	均应进行处理	
		D 类裂缝		
	水工钢筋混凝土裂缝	A 类裂缝	在一类、二类环境条件下可不进行处理;在三类环境条件下应进行处理	
		B 类裂缝		
		C 类裂缝	均应进行处理	
		D 类裂缝		

续表 6.13

序号	项目	特性	判定原则	备注
2	渗漏	A 类渗漏	一般可不进行处理,影响运行安全时应进行处理	
		B 类渗漏	应进行处理,C 类渗漏应进行结构安全分析	
		C 类渗漏		
3	冻融剥蚀	A 类冻融剥蚀	在抗冲磨区域之外可不予处理,在抗冲磨区域宜进行处理	
		B 类冻融剥蚀	宜进行处理,在抗冲磨区域应进行处理	
		C 类冻融剥蚀	应进行处理,当冻融剥蚀造成钢筋混凝土结构的钢筋锈蚀时,应进行安全复核	
4	钢筋锈蚀	A 类锈蚀	可采取表面防护处理	
		B 类锈蚀	应进行修补处理	
		C 类锈蚀	应进行全面的加固处理	
5	磨损和空蚀	A 类磨损空蚀	可不进行处理	
		B 类磨损空蚀	应进行修补处理,C 类磨损与空蚀还应进行结构体型复核及安全分析	
		C 类磨损空蚀		
6	碳化	A 类碳化	可不进行处理	
		B 类碳化	宜进行表面防护处理	
		C 类碳化	应采取凿除碳化混凝土、置换钢筋保护层的方法进行处理	

第7章

水下检测现场安全管理

　　水下检测存在较高的安全风险，需要建立和完善内部的安全管理体系，确保人员和设备安全。在水下检测实施之前，需根据工程实际情况，制定水下检测专项安全方案。

7.1　目标与措施

7.1.1　目标

　　水下检测项目安全管理目标为：确保工程检测安全，无伤亡等事故发生；确保项目现场无火灾、交通责任事故发生；确保项目仪器设备和操作安全，不破坏生态环境，不发生环境污染事故，检测现场整洁规范。

7.1.2　措施

　　安全直接影响生产，为了保证安全检测项目的顺利进行，在安全工作上，首先确立安全生产目标，明确责任，制定和完善各项安全责任制，让责任到位，并将安全生产目标与经济相结合，由上到下层层分解，最终落实到每一个人。其次是在实际工作中要坚持原则，并且做到事事讲安全，人人注意安全，让安全工作真正起到为生产保驾护航的作用。

7.2　安全管理体系

　　安全管理体系如图 7.1 所示。

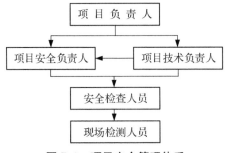

图 7.1　项目安全管理体系

7.3　安全管理组织机构与职责

项目负责人对安全工作负第一责任。项目部建立健全各项安全管理制度，建立完善的安全保障体系，执行项目负责人负责的各级安全责任制。设置安全检查人员，负责现场安全检查及安全措施的落实，保证现场检测工作的安全运行。

7.3.1　项目负责人职责

项目负责人是项目安全生产第一责任人，对安全生产负全面责任。

（1）严格执行安全生产法律、法规、规章、规范和标准，组织落实相关管理部门的工作部署和要求。

（2）建立健全安全生产责任制，组织制定并落实安全生产规章制度和安全生产操作规程。

（3）依法建立适应安全生产工作需要的安全生产管理机构，确定符合条件的分管安全生产的负责人、技术负责人，配备专职安全管理人员。

（4）保证安全生产投入并有效实施。

（5）督促、检查安全生产工作，及时消除生产安全事故隐患。

（6）组织开展安全生产教育培训工作。

（7）组织开展安全生产标准化建设。

（8）组织制定并实施生产安全事故应急救援预案，建立应急救援组织，开展应急救援演练。

（9）定期组织分析安全生产形势，研究解决重大问题。

（10）按规定及时上报生产安全事故，严格按照"事故原因未查清不放过、责任人员未处理不放过、整改措施未落实不放过、有关人员未受到教育不放过"原则，严肃处理事故责任人，落实生产安全事故处理的有关工作。

（11）实行安全生产目标管理，定期公布安全生产情况，认真听取和积极采纳工会、职工关于安全生产的合理化建议和要求。

（12）完成上级交办的其他安全管理工作。

7.3.2 安全负责人职责

（1）在项目负责人的领导下，贯彻执行上级有关安全生产、劳动保护法律法规。

（2）领导制订安全施工组织设计，经批准后负责组织实施。

（3）领导制订安全专项方案，经批准后组织实施。

（4）领导制订事故抢险救援应急预案。

（5）组织监督、督促各检测组制订并落实安全生产保障措施。

（6）负责职工安全教育、新工人岗前培训、工人新岗位安全教育工作。

（7）组织各种形式的安全生产检查，督促安全隐患整改。

（8）负责开工前的安全技术交底，项目完工后的安全生产总结。

（9）做好防汛、防暑降温等工作。

（10）组织事故的抢险救援、事后调查处理；执行上级对事故的处理决定。

（11）及时总结并表扬安全生产、文明施工中的好人好事，宣传安全生产知识。

（12）建立安全档案，收集安全生产方面的信息。

（13）完成上级交办的其他工作。

7.3.3 技术负责人职责

（1）项目技术负责人对项目安全负有技术责任。

（2）贯彻落实安全生产方针、政策，严格执行安全技术规程、规范、标准。

（3）审查批准符合安全要求的方案和技术设计，并指导监督执行。

（4）协助审查批准项目工程的安全技术交底文件和安全作业指导书。

（5）协助审查批准安全专项方案。

（6）协助审查批准事故抢险救援应急预案。

（7）指导安全事故的抢险救援，研究确定抢险技术措施并指导实施。

（8）参与组织安全生产检查，提出安全隐患的技术整改方法。

（9）协助项目负责人，做好项目作业安全的其他工作。

7.4　安全危险源辨识

本项目主要风险点为：

（1）船上作业：落水、溺水。

（2）设备操作：触电。

7.5　安全保障措施

为了保证现场工作人员的生命财产安全，须在整个现场检测期定期开展安全知识教育，布置安全措施，建立健全安全管理体系和安全生产的保证体系；严格执行安全技术操作规程，遵守业主有关管理条例与规定。

7.5.1　组织措施

（1）项目成立安全工作领导小组，由项目负责人抓安全工作。根据项目进度和工作内容的不同，提出分阶段的安全要求和措施。

（2）设安全负责人，负责本工程安全措施的制定和落实。

（3）工作组设兼职安全员，负责本测试组的安全工作。

（4）对参与检测的人员在上岗前进行安全教育，合格后方可上岗。

（5）仅允许携带符合安全生产条件的相关仪器设备，存在安全隐患的工具不得带入场地使用。

（6）水下作业时必须穿救生衣、戴安全帽、穿防滑鞋，配备救生圈。

（7）遵守各项安全生产要求、安全规定、管理制度等。

7.5.2　技术措施

（1）安全负责人对现场安全有监督检查之责，须协助、指导检测人员制订安全措施并落实，定期检查现场安全工作落实情况，发现安全工作未落实的要监督落实，存在事故苗头的要及时处理纠正。

（2）对该项目所有参与人员，在上岗前开展有针对性、全方位的安全教育，做好安全操作培训工作。

（3）对危险测试区段，必须竖立警示牌，非作业人员严禁进入。

（4）实行进场前逐级安全技术交底制度，除经常进行安全生产检查以外，还要组织定期检查，边检查、边整改。

（5）试验检测作业时须按试验检测组长的讯号作业，不得擅自作业。

（6）每一工作日，各安全员对各自范围的安全事项进行督促检查，发现问题及时报告，确保将存在的事故隐患消除在萌芽之中，并认真做好记录，做到有据可查。

7.5.3　检测前安全措施

现场检测负责人对现场检测安全负总责。检测负责人负责安排检测船、检测设备和检测人员。检测人员在检测前，必须接受安全生产教育，使全体检测人员具有较强的安全意识，并做好安全技术交底工作，配备相关的安全防护用品、安全标识、标志牌和必要的安全设施。检测船舶在检测前，必须进行安全检查保养，杜绝有安全隐患的船舶进行检测活动。

设备进场后，使用、运输、保管安全由专人负责。使用时严格按照安全操作程序操作，进行必要的检查和采取必要的防护措施（包括防水、防潮、防晒、防止碰撞、防压等措施）。运输过程中须按照仪器安全要求进行必要的抗震处理。保管时须采取必要的安全存放措施，并注意防盗。

7.5.4　现场检测安全措施

（1）检测人员现场检测必须穿好安全服，戴好安全帽，不能穿戴有碍检查工作顺利进行的拖鞋、首饰及其他物品。

（2）检测人员不得带病作业、疲劳作业、酒后作业；夏天时，应避免高温时段检测，同时配备必要的防暑降温的药品。

（3）注意用电安全，在检测现场应避免触碰垂吊的电线；在检测过程中若需要用电，应与委托单位负责人联系、沟通。

（4）检测时，必须在指定区域内作业。

7.5.5　防火措施

（1）加强现场治安保卫工作，禁止无关人员进入现场。

（2）加强防火工作，严格遵守各项消防制度，严禁人员流动抽烟，保障现场防火安全。

（3）加强用电安全管理，以防电灯、电线引发火灾。

7.5.6　临水作业安全保障措施

凡从事临水作业的职工，由人事部门和安全技术部门组织，每年进行一次水上作业安全知识教育。

进行递缆解缆、挪船、移泊、退划以及从事舷外作业时，必须穿救生衣。凡操作时不穿救生衣的，应及时制止，对操作时不穿救生衣不加制止的，要追究在场负责人员的责任。从事临水高空作业时，必须系好安全带。

进行临水作业的人员，不准穿拖鞋、带钉鞋、钉铁板鞋、木板鞋和跟高 2.5 cm 以上（包括 2.5 cm）的鞋子以及容易滑跌的鞋子；不准在栏杆、缆桩和无栏杆的舷边、顶棚以及缆绳活动范围内坐、卧；不准在作业现场开玩笑、打闹嬉戏；不准在舷边大小便、洗衣服、洗脸、洗脚以及洗涤其他物品。

船只必须安设符合安全规定的跳板、跳船等设备，禁止使用木划拉。

禁止在生产（工作）时间和场所下河游泳。

7.5.7　现场施工劳动保护

施工现场的坑、井、沟和各种孔洞、易爆场所、变配电房周围指定专人设置围栏或盖板等安全标志，夜间要设红灯示警、多种防护设施，警告标志未经检测组组长批准，不得移动和拆除。实行逐级安全交底制度，开工前技术负责人要将工程概况、作业方法、安全技术措施等情况向全体职工进行交底。要建立防火管理制度，配备防火设备和灭火器材，并经常检查，保持良好状态。

对于从事现场检测工作的人员，应根据工种和需要供给有效的防护用品，严禁赤脚或穿拖鞋、高跟鞋进入现场；作业时不得穿硬底和带钉易滑的鞋靴；按规定使用安全"三宝"（安全帽、安全带、安全网）；电动设备和电动手持工具要设置漏电掉闸装置；机械不准"带病"运转，不准超负荷作业，不准在运转中维修保养。加强季节性劳保工作，做好防暑降温保健工作，对于高温作业和夏季露天作业的人员要供应足够的合乎卫生要求的清凉饮料。雨季和台风到来之前，应组织有关人员对临时设施和电气设备、脚手架、起重设备等进行全面的检修加固。

建立安全生产责任制，建立安全生产教育制度，对新工人要进行"三级"安全教育及变换工种的安全技术教育，没有熟悉本单位的一般安全常识和本工种的安全技术知识的不准上岗。

施工现场安全规章制度：

（1）进入现场必须戴安全帽，不穿拖鞋、高跟鞋或赤脚上班。

（2）检测组组长在下达生产任务前应进行质量和安全技术交底。

（3）作业前应检查操作范围的安全防护设施，隐患消除后，方可检测操作。

（4）未经检测组组长同意，不得随意拆除、松解一切防护设施。

（5）新检测人员进场要进行"三级"安全教育，无证不准上岗。

（6）上下交叉作业，严禁在高处抛掷物体，工具用完随手放入工具袋。

（7）作业中要求细致、专心，未经许可不得擅自离开。

（8）遵守劳动纪律，服从指挥，工作时要思想集中，坚守岗位，未经许可不得从事非本工种作业。

（9）严格执行操作规程，不得违章指挥和违章作业，对违章作业的指令有权拒绝，并有责任制止他人违章作业。

7.5.8　安全帽使用要求

安全帽被广大建筑工人称为"安全三宝"之一，是现场作业人员保护头部、防止和减轻各种事故伤害、保证生命安全的重要个人防护用品。

进入施工现场必须正确戴好安全帽。施工现场发生的伤亡事故，特别是物体打击和高处坠落事故表明：凡是正确戴好安全帽，就会减轻和避免事故的后果；如果未正确戴好安全帽，就会失去它保护头部的防护作用，使人受到严重伤害。

正确使用安全帽，必须做到以下四点：

（1）帽衬顶端与帽壳内顶，必须保持 25～50 mm 的空间，有了这个空间，才能够成为一个能量吸收系统，才能使冲击分布在头盖骨的整个面积上，减轻对头部的伤害。

（2）必须系好下颏带，戴安全帽如果不系下颏带，一旦发生高处坠落，安全帽将被甩掉，离开头部，造成严重后果。

（3）安全帽必须戴正、戴稳，如果帽子歪戴着，一旦头部受到打击，就不能减轻对头部的伤害。

（4）安全帽在使用过程中会逐渐损坏，要定期、不定期进行检查。如果发现开裂、下凹、老化、裂痕和磨损等情况，就要及时更换，确保使用安全。

7.5.9　安全带使用要求

安全带是高处作业工人预防坠落伤亡事故的个人防护用品，被广大建筑工人誉为救命带。安全带是由带子、绳子和金属配件组成，总称安全带。

安全带的正确使用方法：在没有防护设施的高处、悬崖、陡坡施工时，必须系好安全带。安全带应该高挂低用，注意防止摆动碰撞。若安全带低挂高用，一旦发生坠落，将增加冲击力，带来危险。安全绳的长度限制在 1.5～2.0 m，使用 3 m 以上的长绳应加缓冲器。不准将绳打结使用，也不准将钩直接挂在安全绳上使用，应挂在连接环上用。安全带上的各种部件不得任意拆掉，使用 2 年以上应抽检一次。悬挂安全带应做冲击试验，以 100 kg 重量做自由坠落试验，若不破坏，该批安全带可继续使用。频繁使用的绳，要经常做外观检查，发现异常时，应提前报废。新使用的安全带必须有产品检验合格证，否则不得使用。

7.5.10　安全网使用要求

安全网是用来防止人、物坠落，或用来避免、减轻坠落及物体打击伤害的网具。安全网一般由网体、边绳、系绳、筋绳、试验绳等组成。网体是由纤维绳或线编结而成，是具有菱形或方形网目的网状体；边绳是围绕网体的边缘、决定安全网公称尺寸的绳；系绳是把安全网固定在支撑物上的绳；筋绳是增加安全网强度的绳；试验绳是供判断安全网材料老化变质情况试验用的绳。

安全网的使用要求主要包括以下几个方面：

（1）质量要求：安全网材料应符合国家或行业标准，必须具备足够的强度和耐久性，以承受可能跌落物体的冲击。

（2）安装要求：安全网应按设计要求和安装说明正确安装。安装时，必须由经过专业培训的人员进行，以确保安全网的稳固性。

（3）悬挂高度：安全网悬挂的高度应符合所需保护的高度要求，通常在高处工作区的下方。

（4）边缘固定：安全网的边缘必须牢固固定在建筑物或结构上，避免在使用过程中松脱。

（5）定期检查：应定期检查安全网的状态，包括网面是否有破损、连接部位是否牢固、承受能力是否下降等。

（6）清洁维护：保持安全网的清洁，避免化学物品的侵蚀，并在存放过程中避免潮湿和阳光暴晒。

（7）参照使用说明使用：应严格按照使用说明进行安全网的安装和维护。

（8）限制超载：不要在安全网上施加超过其额定负荷的重量，以免导致网体损坏和失效。

7.5.11　季节性检测作业安全保障措施

季节性检测作业安全保障措施是指在夏季、雨季、冬季三季作业时，考虑到不同季节的气候对作业生产带来不同安全因素可能造成的各种突发性事故，而从防护上、管理上采取的防护措施。根据项目现场检测实施时间，项目季节性检测作业主要包括夏季作业和雨季作业。

（1）夏季检测作业安全措施

夏季气候炎热，高温时间持续较长，主要是做好防止中暑工作。

① 采用多种形式，对检测人员进行防暑降温知识的宣传教育，使现场检查人员知道中暑症状，学会对中暑病人采取应急措施。

② 合理调整作息时间，避免在中午高温时间工作，严格控制作业人员加班加点，高处作业工人的工作时间要适当缩短。保证作业人员有充足的休息和睡眠时间。

③ 对露天作业集中和固定的场所搭设歇息凉棚，防止热辐射，并要经常洒水降温。

④ 对高温、高处作业的人员，需经常进行健康检查，发现有作业禁忌证者，应及时调离高温和高处作业岗位。

⑤ 要及时供应合乎卫生要求的茶水、清凉含盐饮料、绿豆汤等。

⑥ 及时给职工发放防暑降温的急救药品和劳动防护用品。

（2）雨季检测作业安全措施

雨季进行作业，主要做好防触电、防雷、防坍塌和防台风等工作。

① 防触电：电源线不得用裸导线和塑料线，配电箱必须防雨、防水，电器布置符合规定，电器元件不应破损，严禁带电明露；机电设备的金属外壳，必须采取可靠的接地或接零保护；手持电动工具和机械设备使用时，必须安装合格的漏电保护器；电器作业人员应穿好绝缘鞋，戴绝缘手套。

② 防雷击：高处建筑物的门机、启闭机等要有安全避雷装置。

7.5.12　照明安全保障措施

作业前由专业人员根据现场实际工况确定灯具布置。

（1）夜间施工或厂房、道路、仓库及自然采光差等场所，应设一般照明、局部照明或混合照明。在一个工作场所内，不得只设局部照明。

（2）夜间检测工作时，作业区与驾驶室内应有足够的照明设施，灯具应齐全、完好。

（3）现场照明应采用高光效、长寿命的照明光源。对需大面积照明的场所，应采用高压汞灯、高压钠灯或混光用的卤钨灯等。

（4）照明器的选择必须按下列环境条件确定：① 正常湿度的一般场所，选用开启式照明器；② 潮湿或特别潮湿场所，选用密闭型防水照明器或配有防水灯头的开启式照明器；③ 含有大量尘埃但无爆炸和火灾危险的场所，选用防尘型照明器；④ 有爆炸和火灾危险的场所，按危险场所等级选用防爆型照明器；⑤ 存在较强振动的场所，选用防振型照明器；⑥ 有酸碱等强腐蚀介质的场所，选用耐酸碱型照明器。

（5）照明器具和器材的质量应符合国家现行有关强制性标准的规定，不得使用绝缘老化或破损的器具和器材。

7.5.13　加强安全教育提高安全意识

坚持"以人为本、预防为主、综合防治"的安全理念，建立安全检测责任制，安全质量管理负责人负责落实每个现场检测人员的安全责任，将安全生产责任落实到每个岗位、每个人员。平时重视安全教育工作，不断提高工作人员的安全意识，做好安全工作的重要环节，最大限度地预防检测过程中安全事故的发生。建立快速、有效的应急反应机制，确保检测人员安全。

7.5.14　加强对安全隐患的防范

现场检测过程中的安全管理不能仅单纯依靠管理人员的监督，在做好管理工作监督的同时，要加强检测人员对安全隐患的防范意识，将安全隐患的防范意识融入检测工作中，以安全为前提进行检测工作。例如在施工现场，检测人员被规定要佩戴安全帽和穿劳保鞋，但是在具体工作中，有些检测人员缺乏安全意识，认为在施工区域从事检测工作不存在安全隐患，因而不愿意佩戴安全帽，这种做法大大提高了人身安全的潜在危险。

7.6　安全生产监督措施

（1）项目工程开工前以及在施工过程中，要根据工程的具体情况、生产工艺和特点、周边环境、进度安排等，及时对各个施工阶段存在的重大危险源进行识别，做好预防监控管理工作，并根据实际情况进行动态管理。

（2）制定施工现场重大危险源预警和专项管理措施，对识别出的重大危险源要逐级签订危险源控制责任状，并层层分解，落实到每一个班组、每一个人，做到"谁签字谁负责"，严禁代签。

（3）督促调查和检测人员进行安全生产教育及安全技术交底。

（4）对各类重大危险源要分级建立详细的台账，及时掌握其数量和分布状况，制定相应的控制目标、措施，落实到部门和责任人，并作为重点进行监控，必要时采用旁站式监督方式，实现对危险源的动态监管。要经常性地在施工现场明显处公示。

（5）项目对识别出来的重大危险源进行动态管理，每周由安全负责人带队组织相关人员全面检查，发现问题及时解决。并每月把执行落实情况报上级安全管理处。

7.7 安全应急预案

为有效预防现场检测过程中安全事故的发生，及时控制和消除突发性灾害，提高事故处置能力，最大限度地减少事故造成的人员伤亡和财产损失，必须把保障员工的生命安全和身体健康、最大限度地预防和减少安全事故造成的人员伤亡作为首要任务。

根据检测工程的特点，现场可能发生的安全事故有：落水、物体打击、高空坠落、触电等，应急预案的人力、物资、技术准备主要针对这几类事故。

应急预案应立足于安全事故的救援，立足于工程项目自援自救，立足于工程所在地政府和当地社会资源的救助。

7.7.1　应急组织

应急领导小组：项目负责人为组长，技术负责人为副组长。

现场抢救组：项目负责人为组长，全体人员为现场抢救组成员。

应急组织的分工及人数应根据事故现场需要灵活调配。

应急领导小组职责：发生安全事故时，负责指挥工地抢救工作，向各抢救小组下达抢救指令任务，协调各组之间的抢救工作，随时掌握各组最新动态并做出最新决策，第一时间向 110、120、企业救援指挥部、当地政府安监部门求援或报告灾情。现场突发安全事故时，采取紧急措施，尽一切可能抢救伤员及被困人员。

现场检测工作实施前，熟悉现场环境，掌握现场附近的医疗机构位置、电话信息，相关应急救援电话如：公安报警电话 110；火警电话 119；医疗救护电话 120。

7.7.2　应急知识培训

项目组成员在项目安全教育时必须附带接受紧急救援培训。培训内容包括伤员急救常识、各类重大事故抢险常识等。务必使成员在发生重大事故时能较熟练地履行抢救职责。

7.8 应急物资配置

根据项目特点，项目组配备应急物资如下：

（1）个人劳动防护用品：防护工作服、防护手套、防护靴、安全绳、安全帽、氧气瓶等。

（2）照明设施：应急手电、应急照明等。

（3）通信设施：移动电话、对讲机等。

（4）急救物资：应急药品、急救箱、包扎带等。

（5）其他设备设施：气体浓度检测仪、过滤式防毒面具等。

7.9 安全检测保证制度

遵守安全生产法律、法规的规定，以及发包人制定的安全生产管理规定、办法、规章等，并根据具体工程项目试验检测工作特点制定安全生产管理办法，保证试验检测中心工作的顺利开展，依法承担安全生产责任。

（1）坚持贯彻执行国家有关安全生产的法规、法令，执行建设单位与地方政府对安全生产发出的有关规定和指令，建立安全岗位责任制，逐级签订安全生产责任状，做到分工明确，责任到人。

（2）认真贯彻执行"安全第一，预防为主"的方针，建立试验检测中心、试验组、现场三级安全保证管理体系，以试验检测中心负责人为安全第一责任人，全面负责管理其合同范围内的生产安全、交通安全以及防火、防盗、防汛救灾等工作。

（3）健全安全组织，强化安全机构，充实完善专职和兼职安全监督检查人员，完善工作制度。

（4）实验室要定期对检测人员进行安全知识教育，坚持"安全第一，预防为主"和"谁主管，谁负责"的原则，建立健全实验室安全管理规章制度。

第 8 章

工程应用案例

根据前述水下检测与评估方法成果，针对扬中大桥、某跨海大桥和上海滴水湖大桥开展了现场示范应用，并根据现场检测结果进行技术状况评级，具体检测结果与技术状况等级如下文所述。

8.1   扬中大桥水下结构服役状况评估

8.1.1   工程概况

扬中大桥位于江苏省扬中市南侧夹江段，北接泰州大桥扬中接线段，南联镇江新区，分为左汊桥和右汊桥，位置如图 8.1 所示。泰州大桥是连接江苏省泰州市高港区和镇江市扬中市的特大桥梁，跨越长江和夹江，是沪宁高速公路和常州西绕城高速的重要组成部分，位于长江江苏段中部。泰州大桥由北接线、跨江主桥、夹江桥和南接线四部分组成，于 2007 年 12 月 26 日开工建设，2011 年 9 月

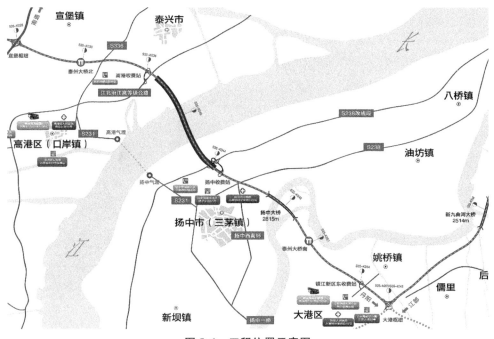

图 8.1   工程位置示意图

28 日实现全线合龙，2012 年 11 月 25 日大桥正式开通。泰州大桥西起泰州宣堡镇西，东至沪宁高速公路汤庄枢纽，全长 62.088 km，宽度 33 m，全线采用双向六车道高速公路标准，项目总投资 93.7 亿元。

扬中大桥左汊桥主桥段上部结构为 87.5＋3×125＋87.5 m 五跨预应力混凝土连续箱梁，基础采用钻孔灌注桩群桩基础，桩径有 φ1.5 m、φ1.8 m、φ2.0 m 三种，涉水桥墩为 24♯～27♯桥墩；右汊桥主桥段上部结构为 87.5＋2×125＋87.5 m 四跨预应力混凝土连续箱梁，基础采用钻孔灌注桩群桩基础，桩径为 φ2.0 m。承台采用

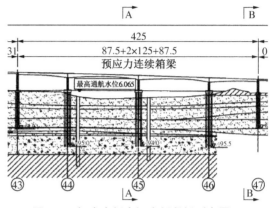

图 8.2　扬中大桥右汊主桥段桥型布置

分离式（43♯、47♯墩）和整体式（44♯～46♯墩）两种，涉水桥墩为 44♯～46♯墩，见图 8.2。图 8.3 为扬中大桥 45♯墩群桩基础布置。

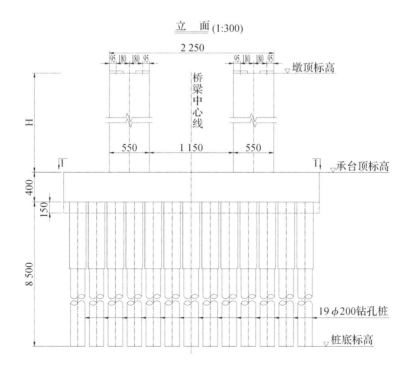

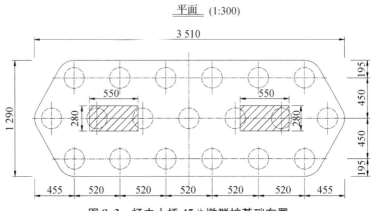

图 8.3 扬中大桥 45♯墩群桩基础布置

8.1.2 评价内容

桥梁的安全运营对区域高速公路的通畅起着十分重要的作用，桥梁桩基病害严重危害桥梁的安全运营，桩基在水流冲刷作用下，桩头混凝土逐渐被淘空，钢筋逐渐屈服，严重影响桥梁的结构安全，甚至引发桥梁垮塌事故。为推动高速公路管理工作的规范化，保障扬中大桥的安全运营，通过对桥梁水下桥墩、桥台进行水下探摸和水下录像，查明水下冲刷情况，检查桥墩、台存在的隐患和缺陷，掌握桥梁的安全状况。

根据《公路桥梁技术状况评定标准》（JTG/T H21—2011）第 9 章"桥梁下部结构构件技术状况评定"相关内容对桥梁下部结构的缺损状况进行评定。

为方便叙述，本桥梁构件编号作如下约定：

（1）上下行划分：以路线前进方向小桩号往大桩号方向为上行，路线前进方向大桩号往小桩号方向为下行。

（2）桥墩编号：以小桩号往大桩号方向依次从 1 开始编号，即小桩号侧第一墩为 1 号墩，最后一墩为 N 号墩。

（3）桩基编号：面向小桩号方向，由左往右依次从 1♯开始编号，即上行第一桩为 1♯桩，最后一桩为 N♯桩；下行第一桩为 1♯桩，最后一桩为 N♯桩。如图8.4 所示。

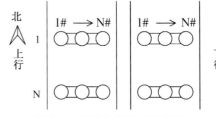

图 8.4 桥梁构件编号约定图

8.1.3 水下结构服役状况评估

扬中大桥水下结构服役状况评估以水下探摸和水上外观调查为主，并配置水下摄像机、裂缝观测仪、卷尺、照相机等必要的仪器设备与记录工具对病害进行详细的调查记录。

8.1.3.1 水上检测

北汉 26♯、南汉 46♯墩水面以上部分外观良好，技术状况等级为 1 级。北汉 24♯、25♯和南汉 44♯、45♯墩承台局部破损，技术状况等级为 2 级。

图 8.5　24♯墩

图 8.6　25♯墩

图 8.7　26♯墩

图 8.8　44♯墩

图 8.9　45♯墩

图 8.10　46♯墩

8.1.3.2 水下探摸

（1）北汊

24♯墩西侧承台底部水深 1.6 m，墩头部位有渔网缠绕，桩与承台接合处外观良好，承台、桩基无损坏露筋现象，西侧河床水深 13.9 m，底部小块石堆积；中部承台底部水深 1.6 m，桩与承台接合处外观良好，承台底部钢构件未拆除，桩基无损坏露筋现象，中部河床水深 13.2 m，底部小块石堆积；墩台东侧水深 11 m，底部泥沙淤积。

25♯墩西侧承台底部水深 1.4 m，桩与承台接合处外观良好，承台底部钢构件未拆除，桩基无损坏露筋现象，西侧河床水深 9.8 m，底部泥沙淤积；中部承台底部水深 2.2 m，桩与承台接合处外观良好，承台底部钢构件未拆除，桩基无损坏露筋现象，中部河床水深 8.3 m，底部泥沙淤积；墩台东侧水深 7.6 m，底部泥沙淤积。

26♯墩西侧承台底部水深 1.4～1.7 m，底部不平整，桩与承台接合处外观良好，桩基无损坏露筋现象，西侧河床水深 3.9 m，底部大块石堆积；中部承台底部块石堆积；由西向东泥沙逐渐抬高，东侧墩台被泥沙覆盖，在低潮位时露出河床面。

北汊 24～26♯墩水下部位外观良好，技术状况等级为 1 级。

 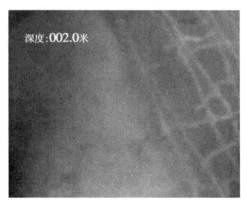

图 8.11　24♯墩头处渔网　　　　　　图 8.12　24♯桩基处渔网

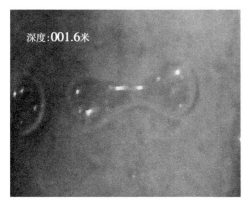

图 8.13　24♯墩承台西侧底部

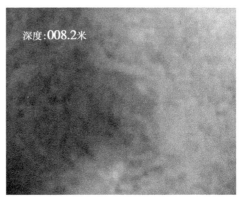

图 8.14　24♯西侧桩桩身

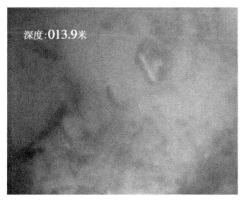

图 8.15　24♯墩西侧河床

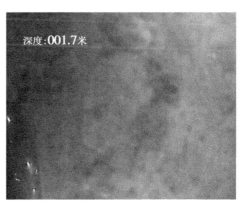

图 8.16　24♯墩中间桩与承台接合部位

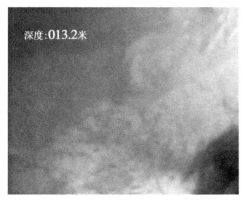

图 8.17　24♯墩中间部位河床

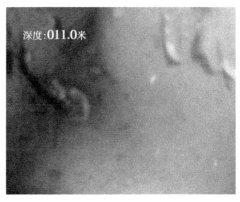

图 8.18　24♯墩东侧河床

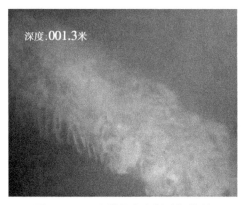

图 8.19 25♯墩承台未拆除钢构件

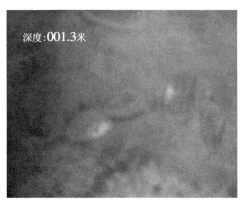

图 8.20 25♯墩承台西侧底部

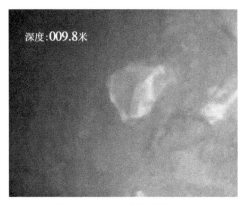

图 8.21 25♯墩西侧河床

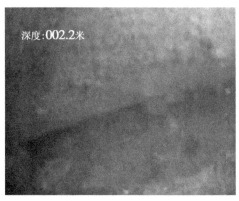

图 8.22 25♯墩中间桩与承台交接部位

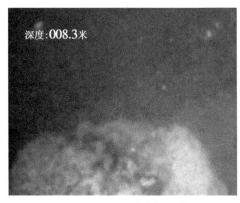

图 8.23 25♯墩中部河床

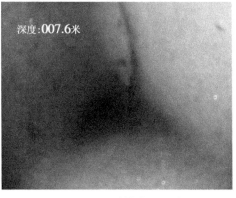

图 8.24 25♯墩东侧河床

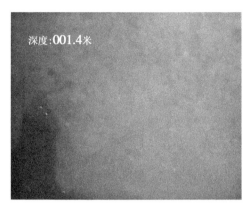

图 8.25　26♯墩承台底部 1.4 m 处

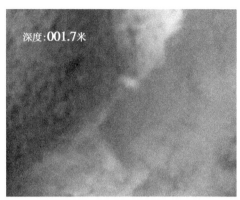

图 8.26　26♯墩承台底部 1.7 m 处

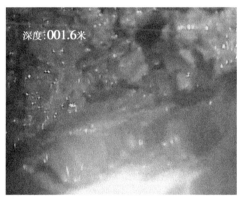

图 8.27　26♯墩承台底部 1.6 m 处

图 8.28　26♯墩西侧河床

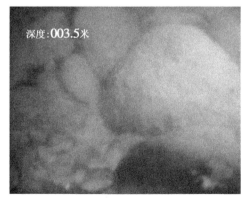

图 8.29　26♯墩西侧河床底部块石

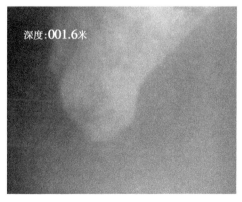

图 8.30　26♯墩中部河床底部块石

（2）南汊

44#墩西侧承台底部水深2.5 m，桩与承台接合处外观良好，承台、桩基无损坏露筋现象，西侧底部河床水深14.5 m，底部块石堆积；中部承台底部水深2.6 m，承台底部、桩基无损坏露筋现象，中部水深13.6 m，河床上块石、钢构件等杂物堆积；墩台东侧水深6.3 m，河床上泥沙淤积。

45#墩西侧承台底部水深2.3 m，桩与承台接合处外观良好，承台、桩基无损坏露筋现象，自水深13.6 m以下桩基钢护筒未拆除，西侧河床水深18.6 m，底部鹅卵石、小块石堆积；中部承台底部水深2.3 m，桩与承台接合处外观良好，台、桩基无损坏露筋现象，自水深13.6 m以下桩基钢护筒未拆除，中部河床水深16.4 m，底部钢筋头、建筑废料等杂物堆积；墩台东侧水深13.3 m，河床上泥沙淤积，有钢筋头等杂物。

46#墩西侧承台底部水深2.2 m，桩与承台接合处外观良好，桩顶承台浇筑预留孔洞未处理，尺寸为10 cm×15 cm×20 cm（长×宽×深），承台底部、桩基无损坏露筋现象，西侧河床水深4.5 m，底部残留钢丝绳、块石等杂物；中间部位水深5.1 m，桩顶浇筑承台预留孔洞未处理，桩基无损坏露筋现象，河床上沉船、钢构件、钢丝绳等杂物堆积；墩台东侧被淤泥覆盖，泥面在低潮位时露出。

综上所述，南汊44#、45#墩水下部位外观良好，技术状况等级为1级。46#墩桩顶承台浇筑预留孔洞未处理，河床上沉船、钢构件、钢丝绳等杂物堆积，技术状况等级为2级。

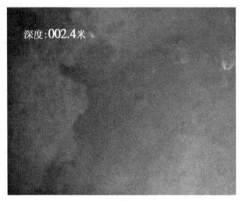

图8.31　44#墩西侧承台底部

图8.32　44#墩西侧桩基与承台接合处

图 8.33 44♯墩西侧桩桩身

图 8.34 44♯西侧河床

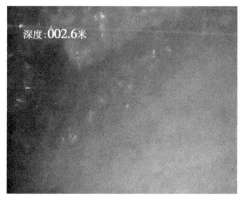

图 8.35 44♯墩中间桩基与承台连接处

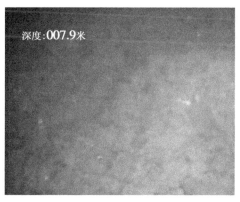

图 8.36 44♯墩中间桩桩身

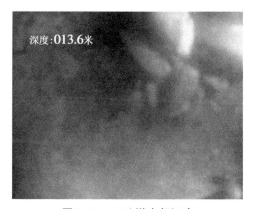

图 8.37 44♯墩中部河床

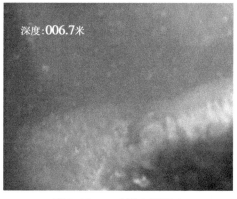

图 8.38 44♯墩东侧河床

121

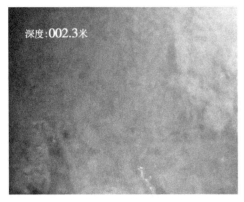

图 8.39　45♯墩西侧承台底部

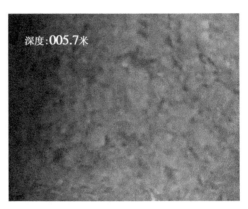

图 8.40　45♯墩西侧承台桩身

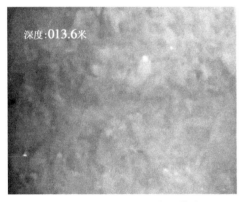

图 8.41　45♯墩灌注桩钢护筒

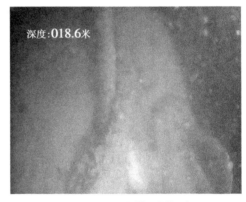

图 8.42　45♯墩西侧河床

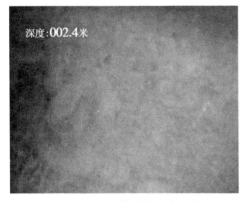

图 8.43　45♯墩中间承台底部

图 8.44　45♯墩灌注桩钢护筒

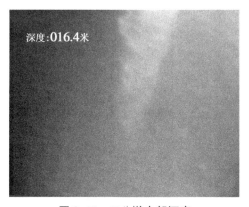

图 8.45　45♯墩中部河床

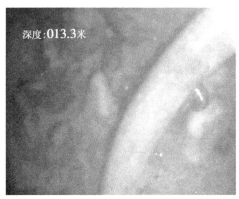

图 8.46　45♯墩东侧河床

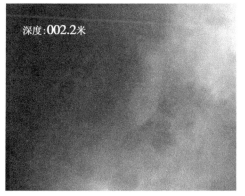

图 8.47　46♯墩西承台侧面

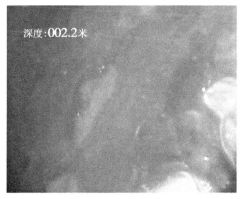

图 8.48　46♯墩西侧承台底部

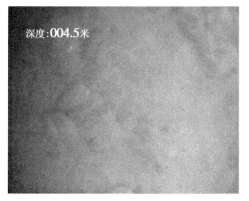

图 8.49　46♯墩桩身混凝土

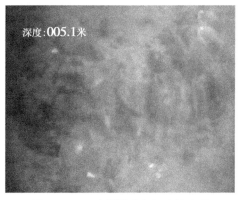

图 8.50　46♯墩桩底与河床接合处

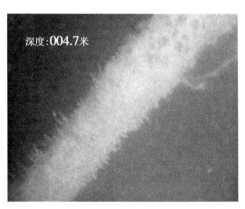

图 8.51　46♯墩水下沉船　　　　　　　图 8.52　46♯墩水底钢丝绳

综上，扬中大桥桩基水上结构外观基本完好，北汊 24♯、25♯ 和南汊 44♯、45♯墩承台局部破损；北汊 24～26♯墩，水下桩与承台接合处外观良好，承台、桩基无露筋损坏现象，24♯、25♯墩承台底部钢构件未拆除，河床最深处水深达 13.9 m；南汊 44～46♯墩，桩与承台接合处外观良好，承台、桩基无露筋损坏现象，46♯墩桩顶有 2 处承台浇筑预留孔未处理，水下杂物堆积较多，河床最深处水深达 18.6 m。综合评定扬中大桥水下桩基技术状况等级为 2 级。

8.2　　　　　　　　　　　　　某跨海大桥水下结构服役状况评估

8.2.1　工程概况

某跨海大桥起始于上海浦东南汇的芦潮港，跨越杭州湾北部海域，直达浙江省嵊泗县崎岖列岛的小洋山，地理概略位置为东经 121°58′06″～122°09′23″，北纬 30°33′52″～30°39′42″，南距宁波北仑港约 90 km，东北距长江口深水航道约 50 km。跨海大桥始建于 2002 年 6 月 26 日，2005 年 5 月 25 日大桥全线贯通。跨海大桥线路全长 32.5 km，主桥全长 25.3 km；桥面为双向六车道高速公路，设计速度 80 km/h。

8.2.2 评价内容

本次水下探测的目的是探明跨海大桥桥墩桩基结构安全，并对桩基冲刷情况进行统计分析。结合该跨海大桥现场情况，确定水下探测内容如下：

（1）桥墩桩基表观探测。

（2）桥墩桩基地形探测。

探测范围：PM340～344 共 5 个桥墩。

8.2.2.1 探测方法

采用英国 Coda Octopus 生产的 Echoscope 三维实时声呐成像系统，系统主要包括遥控无人潜水器（Remote operated vehicle，ROV）Echoscope C500 声呐探头、F180 定位与姿态仪、控制单元、计算机终端以及 Underwater Survey Explorer（USE）三维实时声呐数据处理软件。其分辨率高，可提供准确的地理坐标参考数据，具有地理信息三维图像拼接功能，在浑浊的水中依然提供准确的图像，既适用于 ROV 和 AUV 搭载使用，也可进行船载安装，体积轻便，功耗较低，可适应苛刻的深水检测工作环境。探测数据采用 WGS84 全球大地坐标系，并根据跨海大桥位移观测基点进行残差校正。

Echoscope 属于主动声呐，通过发射一定频率的声波，并探听水下结构物表面的反射主声波，从而获取水下结构物信息。

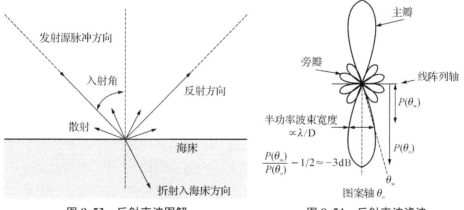

图 8.53 反射声波图解   图 8.54 反射声波滤波

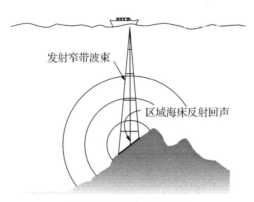

图 8.55　波束宽度示意

8.2.2.2　测线布置

　　沿 PM340～PM344 桩基两侧各布设 1 条测线（平行大桥轴线方向），测线距桥墩约 30～50 m，保证桥墩中心两侧充分覆盖；主测线总里程约 0.5 km。检测现场见图 8.56。

图 8.56　检测现场照片

8.2.2.3　数据采集

　　调整测量船运行线路，使测量船沿预先布设的测线进行扫测，在测量过程中尽可能保证船舶沿直线行驶。在数据采集过程中，为保证水下探测的完整性，须沿同一条测线对水下桩基进行多次数据采集，保证作业相邻测线间的扫测影像宽度有一定重叠，重叠宽度不低于 10%，便于数据处理时进行数据拼接。若重叠部分太少，则难以保证拼接精度；若重叠部分太多，则会增加扫描和拼接工作量，也可能会使拼接精度降低。

8.2.2.4　数据处理

Echoscope 水下三维声呐系统的图像拼接方式是一种相对配准的拼接方式，该系统发射的脉冲波密度远大于传统的多波束，1 个脉冲信号通常有 128×128 个波束，即每一帧数据包含超过 16 000 个三维空间数据点。系统通过相控阵技术获取的每一帧数据影像都可以看作是 1 个独立的三维声呐图像单元，具有完整的空间结构。Echoscope 水下三维声呐系统的脉冲数据更新速度可达 12 次/s，三维数据经完整显示后与其他图像单元相结合，再以不同方式的色彩渲染生成详细的类现实场景图像。系统采用先进、高效的解算模型，再配合高频次的数据，可以将每一帧图像单元进行有效拼接，其原理类似于三维空间坐标变换。在图像拼接完成后即可进行噪声一级处理和二级处理。

受环境因素影响，在系统扫测获取的点云数据中存在不稳定点和噪声点，须在软件中设置不同的门限等方式来剔除这些点，即点云去噪。

对 Echoscope 水下三维声呐系统获取的点云数据进行去噪，主要是在配套的点云去噪软件的强度、深度、量程等选项工具中隐藏无用的点云数据，确保图像数据干净、可靠。在配套的点云去噪软件中主要包含量程、发射增益、接收增益、监测模式、滤波等选项工具，可通过反复调试获取高质量数据。

8.2.3　水下结构服役状况评估

对测量收集的声呐数据进行校正与拼接处理，并修正残差，获得跨海大桥桥墩 PM340～344 水下结构与地形三维成像，见图 8.57～图 8.74。提取三维成像中地形数据，作基坑地形等高线及剖面图，见图 8.75～图 8.80。由探测成果可知：

（1）探测范围内的跨海大桥桥墩桩基结构表面光滑完好，未见异常变形、破损现象（图 8.57～图 8.68）。

（2）PM340、PM341 桩基各存在一根废桩（图 8.60～图 8.62）。

（3）桥墩桩基存在不同程度的冲刷，冲刷长度约 45～55 m，冲刷宽度约 31～37 m，冲刷深度约 4.5～5m，冲刷范围及深度详见表 8.2 及图 8.69～图 8.74。

（4）桥墩桩基冲刷坑间的水下地形平滑，坡度平缓，无明显冲刷现象。

表 8.2　桩基冲刷统计表　　　　　　　　　　　　　　单位：m

桩基编号	垂直于桥轴线向冲刷长度	平行于桥轴线向冲刷宽度	冲刷坑深度
PM340	45.75	31.04	4.79
PM341	53.53	33.40	5.09
PM342	50.33	36.98	4.60
PM343	47.40	33.87	5.12
PM344	46.17	33.24	4.69

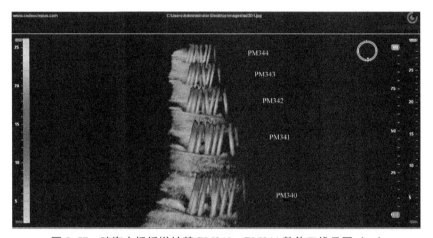

图 8.57　跨海大桥桥墩桩基 PM340～PM344 整体三维云图（一）

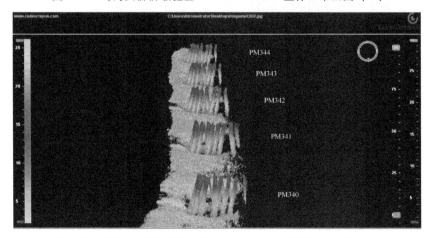

图 8.58　跨海大桥桥墩桩基 PM340～PM344 整体三维云图（二）

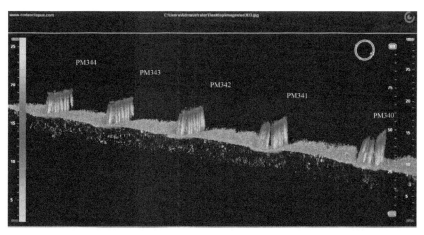

图 8.59　跨海大桥桥墩桩基 PM340～PM344 整体三维云图（三）

图 8.60　PM340 桥墩桩基云图

图 8.61　PM341 桥墩桩基云图（一）

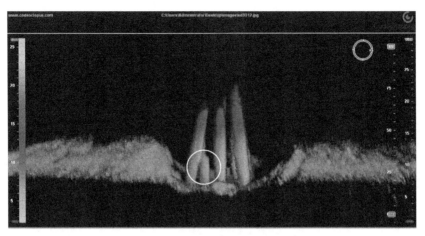

图 8.62　PM341 桥墩桩基云图（二）

图 8.63　PM342 桥墩桩基云图（一）

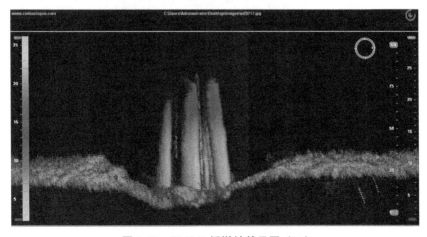

图 8.64　PM342 桥墩桩基云图（二）

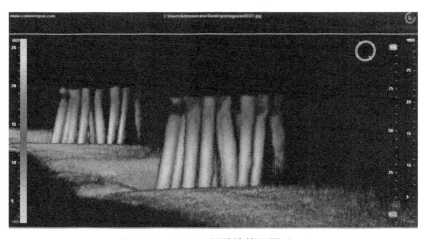

图 8.65 PM343 桥墩桩基云图 (一)

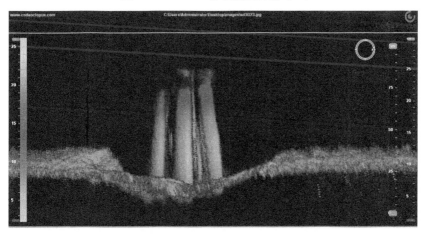

图 8.66 PM343 桥墩桩基云图 (二)

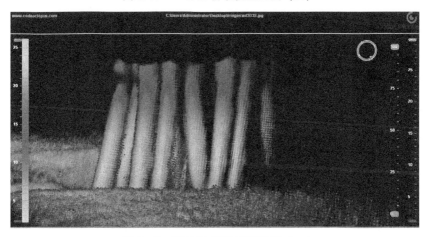

图 8.67 PM344 桥墩桩基云图 (一)

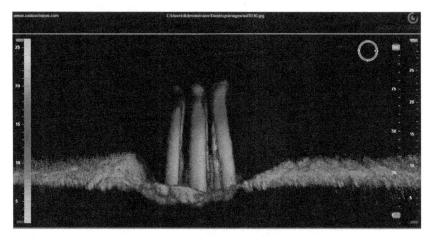

图 8.68　PM344 桥墩桩基云图（二）

图 8.69　桥墩桩基冲刷坑整体云图

图 8.70　PM340 桥墩桩基冲刷云图

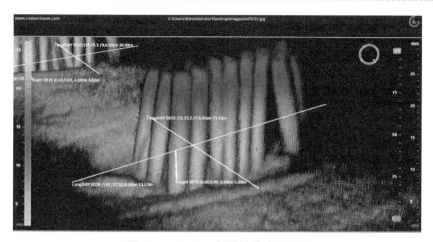

图 8.71　PM341 桥墩桩基冲刷云图

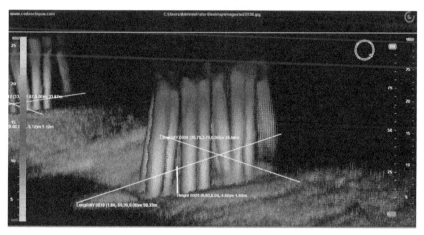

图 8.72　PM342 桥墩桩基冲刷云图

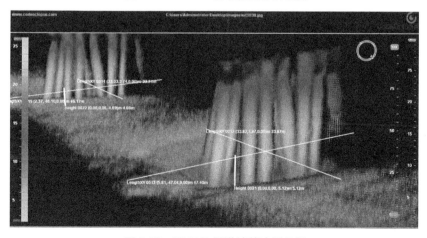

图 8.73　PM343 桥墩桩基冲刷云图

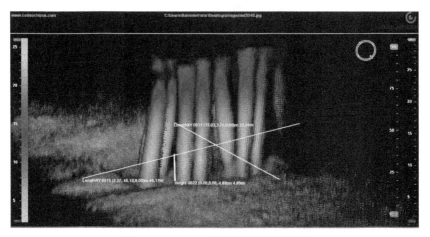

图 8.74　PM344 桥墩桩基冲刷云图

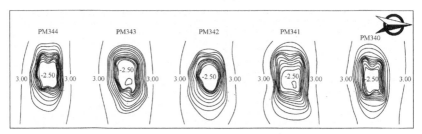

图 8.75　PM340～PM344 桥墩基础地形等值线图

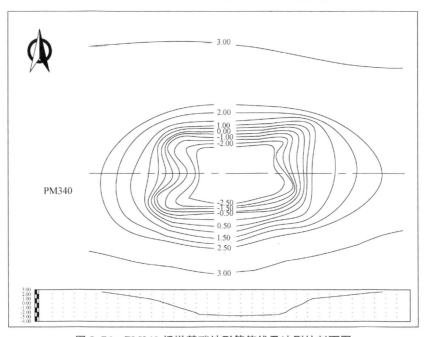

图 8.76　PM340 桥墩基础地形等值线及冲刷坑剖面图

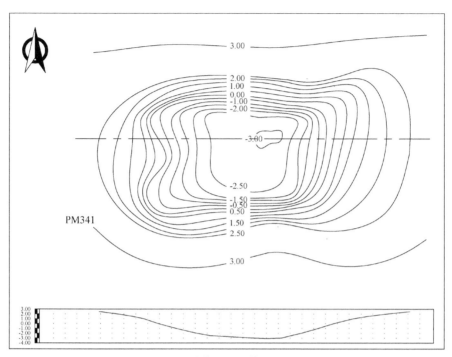

图 8.77　PM341 桥墩基础地形等值线及冲刷坑剖面图

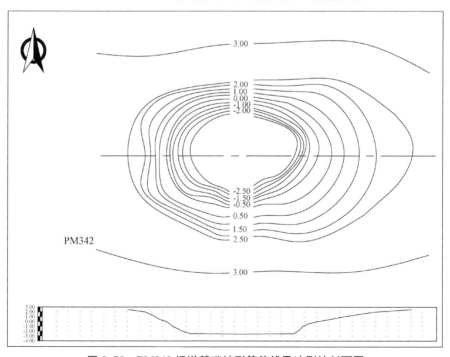

图 8.78　PM342 桥墩基础地形等值线及冲刷坑剖面图

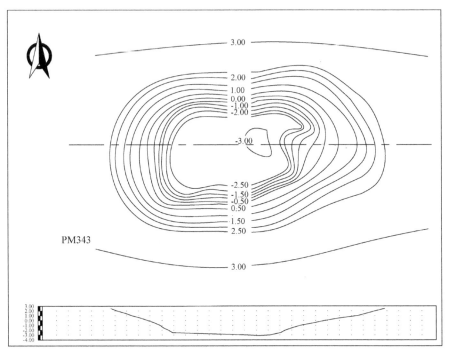

图 8.79　PM343 桥墩基础地形等值线及冲刷坑剖面图

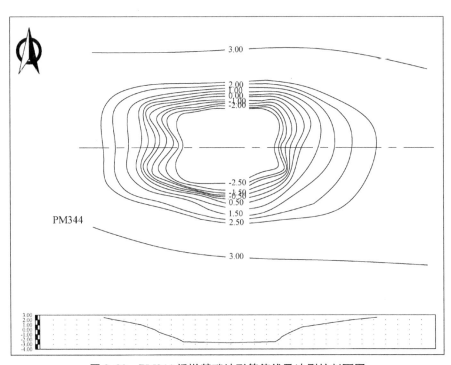

图 8.80　PM344 桥墩基础地形等值线及冲刷坑剖面图

8.3 滴水湖大桥水下结构服役状况评估

8.3.1 工程概况

滴水湖又名芦潮湖,位于上海市浦东新区南汇新城,处于杭州湾与长江口交汇处的东海之滨,距离上海市中心约 76 km,地面标高为 1.60 m,是南汇新城的中心湖泊。滴水湖呈圆形,直径 2.66 km,总面积 5.56 km²,平均水深 3.7 m,最深处 6.2 m,当常水位在 2.7 m 时,湖水容量为 1 620 万 m³,水源是引黄浦江淡水。湖中布设三个岛屿,面积为 0.48 km²,环湖布设 60 m 宽的园林带,面积为 50 万 m²。本次选取滴水湖南港大道附近一座桥梁,对该桥梁附近水下地形及结构进行综合评估。桥梁位置如图 8.81 所示。

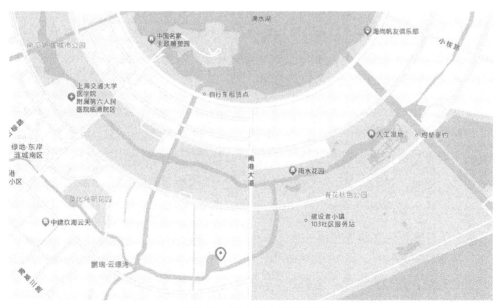

图 8.81 滴水湖大桥位置图

8.3.2　评价内容

本次综合评估的主要内容有水下地形数据获取、桥墩水上结构测量、涉水部分结构精细探测等。调查时采用千寻 CORS 的组合导航系统进行导航及定位，多波束测深系统进行水下地形测量，三维激光扫描仪进行桥墩水上结构测量，搭载多传感器的遥控无人潜水器进行涉水部分结构精细探测。

本次测量区域桥面距水面较近，存在卫星信号遮挡区域。为保证研究数据的完整性，需进行水下地形及桥墩结构（水面以上及以下）的三维点云数据获取。

（1）导航定位

探测运用到的所有检测技术均采用基于千寻 CORS 的网络 RTK 方式的组合导航定位技术并在测区附近架设基站，确保在桥梁附近卫星信号失锁时或千寻 CORS 数据通信链路断开时，后处理定位数据可以在符合规范精度要求的情况下使用。

（2）多波束水深测量

传统多波束测深系统在正式水深测量之前要进行校准测量，计算获取校准参数，用于后续正式施测水深和多波束数据处理。而本项目中投入使用的为高度集成的多波束测深系统，免去了传统多波束安装校准的烦琐过程，可快速安装、即刻采集，因此测量前无需进行校准测量。

获取具备代表性的声速剖面数据是多波束数据采集与处理的重点与难点之一。桥墩附近由于气温、日照、生活用水注入等多种外界因素的共同作用，水体垂向声速变化较大，因此为了获取具有代表性的声速剖面，本项目将按照严于国家相关规范标准进行，即至少每小时进行一次声速剖面测量，若发现表面声速变化超过 2 m/s 则进行加密测量。

（3）桥墩陆域结构测量

桥墩陆域结构的外立面要精密测量，需要布置多个测站才能比较完整地获取测区建筑结构数据。测站点选择要求：第一，测站点地面稳固、视场角开阔，满足仪器安置的要求；第二，应尽量布设较少的测站点，以减少各站数据之间的拼接误差；第三，保证各测站点获得的扫描数据最终能得到被扫描对象的完整信息。

各个测站获得的点云数据是对应测站的独立坐标系，要得到对象完整的、联系的点云数据，需将多个测站之间的点云数据进行拼接。点云拼接是以其中一站扫描得到的点云坐标系为基准，通过各测站之间的坐标变化关系将其他测站的点云坐标逐幅变换到基准坐标系下。根据实地情况，本次测量采用相邻测站的重叠特征云数据并辅以测站点的三维坐标进行配准。

（4）桥墩水下结构精细探测

集成的光学成像设备，通过搭载的彩色摄像机与 LED 光源，实时传回高清影像，直接观察桥墩水下结构；通过坐底方式利用三维成像声呐使用高频声波对物体进行三维扫描，多站拼接后的数据可以得到桥墩水下结构的三维点云数据，清晰反映桥墩外立面的水下结构特征，克服传统多波束测深方式难以获取垂面数据的问题。

8.3.2.1　导航定位

本次所用检测技术均采用基于千寻 CORS 的网络 RTK 方式导航定位。检测前，在已知高等级控制点进行控制成果比测，验证平面和高程精度符合规范要求后再进行相关测量。

8.3.2.2　多波速水下地形测量

（1）选用设备

多波束水深测量采用挪威 Norbit 公司生产的 iWBMS 多波束测量系统，多波束测深系统组成如图 8.82 所示。该套多波束测深系统水下单元集成加拿大 Applanix 公司生产的 POS MV WaveMaster 组合导航系统以及 AML 公司生产的 Minos-X 表面声速仪，免去传统多波束安装校准的烦琐过程，可快速安装、即刻采集，降低外业测量作业人员的劳动强度。波束覆盖范围为 $7°\sim210°$，在线可调且具备角度旋转功能，可以适应复杂地形及码头等需要进行侧面扫测的地形。接收换能器采用圆弧形设计，这样可以有效接收边缘波束的信号，提高多波束工作效率，达到更大条带覆盖范围。换能器中心工作频率为 400 kHz，带宽达到 80 kHz（360 kHz～440 kHz），有利于提高量程分辨率，测深分辨率可达 10 mm。为提高抗干扰能力，系统可以在线选择 CW 或 FM 工作模式，能够在提供高达 80 kHz 带宽的同时具备 FM 线性调频技术。

多波束水下地形测量采用 QINSy 软件进行导航及数据采集，采用千寻 CORS 的 POS MV 进行导航定位，QINSy 软件记录 POS MV 提供的导航定位数据、姿态数据和多波束测深系统提供的水下地形地貌数据。

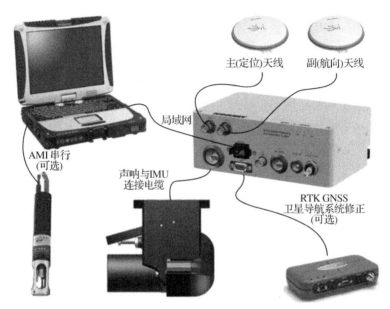

图 8.82　Norbit iWBMS 多波束测深系统组成

（2）测线布设

根据测区具体情况进行测量布设，保证测区水下地形全覆盖观测。检查线测量采用单波束测深仪进行，垂直于主测线方向平行布设，按不少于主测线 5% 长度进行布设。

（3）校准测量

本次采用的 Norbit iWBMS 多波束测深系统高度集成化，免去了每次测量前的校准测量，仅在布设校准测线时进行校准测量，计算结果对已有校准参数检核。

多波束测深系统校准测量，其目的在于计算运动传感器、罗经和换能器三者之间初始安装参数及系统时间延迟，即横摇（Roll）、纵摇（Pitch）、偏航（Yaw）和延迟（Latency），校准精度直接关系到最终水深测量的精度。由于多波束测深系统采用基于秒脉冲的时间同步技术对各个传感器的时间进行同步，因此延迟可以忽略不计。

横摇校准需选择在水深大于或等于测区内的最大水深、水下地形平坦的水域进行，在同一测线上以相反方向、相同速度进行测量。纵摇校准最好选择在水深大于或者等于测区内最大水深、水下坡度 10°以上的水域或在水下有礁石、沉船等明显特征物的水域进行，在同一测线上相反方向、相同速度进行测量。艏向校准最好选择在水深大于或者等于测区内最大水深、水下坡度 10°以上的水域或在水下有礁石、沉船等明显特征物的水域进行，使用两条平行测线（测线间距应保证边缘波束重叠不少于 10%）以相同方向、相同速度进行测量。各校准要求如 8.83 所示。

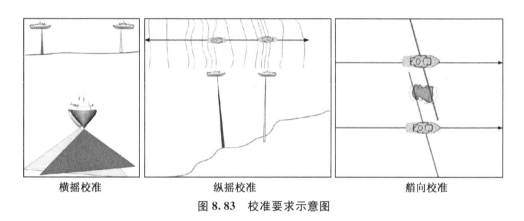

| 横摇校准 | 纵摇校准 | 艏向校准 |

图 8.83　校准要求示意图

计算获取校准参数后，利用该参数与已有校准参数检核，对两组参数进行相关分析、验证，合适的校准参数用于后续多波束数据处理。

（4）多波束施测要求

① 多波束测深过程中，应在测区内有代表性的水域使用声速剖面仪获取足够多的垂直声速剖面，为保证声速准确性更高，应先将声速剖面仪放在水面以下静置 1 分钟，待声速剖面仪温度与水温基本一致，再缓慢下放声速剖面仪至预设的深度，再缓慢回收，用于后续的声速改正；② 多波束施测前，应尽可能提前上线，待测船航向稳定后，开始数据采集；③ 多波束系统施测过程中，应根据水深、水体环境的变化，及时调整多波束换能器的发射声波频率、脉冲宽度和回波信号增益，使系统达到最佳数据采集效果。应密切关注各辅助设备的数据状态，确保最终采集数据的有效性。

图 8.84 多波束水下地形测量现场作业照片

8.3.2.3 桥墩陆域结构测量

（1）选用设备

RIEGL 三维激光扫描成像系统拥有独一无二的全波形回波技术和实时全波形数字化处理和分析技术，每秒可发射高达 300 000 点的纤细激光束，提供高达 0.000 5°的角分辨率，与传统的一次回波仅能反映一个反射目标物体的技术相比，它可以探测到多重乃至无穷多重目标的、极其详尽的细节信息。

基于 RIGEL 独特的多棱镜快速旋转扫描技术，它能够产生完全线性、均匀分布、单一方向、完全平行的扫描激光点云线。通过其自带的控制面板即可设置参数，控制扫描，将全部数据都储存在设备附带的存储卡中。VZ1000 三维激光扫描仪，它的有效射程可达 1 400 m，测量精度优于 5 mm，非常适合大范围区域的地形测量工作，设有相机模块，扫描结果与相机影像可以完美融合，在点云数据采集完毕后，仪器会自动开启相机自主进行影像数据采集工作，完全覆盖点云数据采集区，可得到真彩色点云数据。

（2）架站选择

由于测区地形复杂，需要布置多个测站才能比较完整地获取测区建筑结构立面数据。测站点选择要求：第一，测站点地面稳固、视场角开阔，满足仪器安置的要求；第二，应尽量布设较少的测站点，以减少各站数据之间的拼接误差；第三，保证各测站点获得的扫描数据最终能得到被扫描对象的完整信息。

图 8.85　RIEGL 三维激光扫描仪现场作业照片

（3）扫测作业流程

在扫描仪操作界面中创建一个新工程，在新的扫描站下选择合适的扫描模式（全景扫描分辨率与扫描距离），设置好扫描站所有的工程参数，按下"开始"键进行扫描。点云数据采集完毕后，仪器会自动开启相机自主进行影像数据采集工作，完全覆盖点云数据采集区，最后得到真彩色点云数据。利用外置 GNSS RTK 测得各个测站点 CGCS 2000 坐标系下的三维坐标，进而可直接采集 CGCS 2000 坐标系下的点云数据。

8.3.2.4　桥墩水下结构精细探测

（1）选用设备

采用配备高分辨率摄像机及照明设施的"海螺Ⅴ"水下遥控机器人（简称"海螺Ⅴ"）进行作业。"海螺Ⅴ"采用开放式架构，可搭载多种作业设备，具有一定水下作业能力。"海螺Ⅴ"具有高性能推进器、自动航向、自动深度、控制台和动力单元等，四个水平推进器和四个垂直推进器使其可以向各个方向推进，同时配有坚固的铝合金底盘，能承受更大的有效载荷。其可对水下目标物进行实时光学探测，通过脐带缆将获取的图像资料实时传输到甲板单元的操控平台，可直观地观测水下部分构筑物，并利用三维成像声呐使用高频声波进行三维扫描。

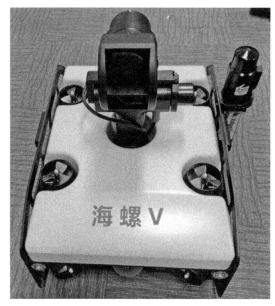

图 8.86　水下机器人整备示意图

（2）作业要求

由于探察区域的特殊性，将"海螺Ⅴ"的控制系统安置在岸上，在视线范围内进行"海螺Ⅴ"的控制及收放。视线盲区位置，支持船驶入测区，抛放"海螺Ⅴ"。为保证仪器安全，技术人员控制"海螺Ⅴ"保持水面行进，抵达预先标定位置。由于测区位于桥墩附近，潜水探察作业过程中，应注意及时调整推进器推力，避免物理碰撞。利用水下地形扫测成果，合理计划"海螺Ⅴ"行进路线，减少水中"海螺Ⅴ"的碰撞与脐带缆的磨损以及对搭载的声学传感器造成不必要的损伤。

（3）施测过程

探察时注意脐带缆走向，避免脐带缆纠缠。"海螺Ⅴ"由远及近对结构进行检测，技术人员通过实时摄像观察水下结构的情况，控制"海螺Ⅴ"航行，调节转动或倾斜摄像头角度。水下目视检测过程中全程摄像记录，记录当前时刻、影像文件名称、相对位置、水深。"海螺Ⅴ"在水下平坦处进行坐底，测量员于岸上通过水下三维全景成像声呐探头及旋转平台进行控制，实时对各桥墩水下结构进行三维扫描生成高分辨率点云。

图 8.87　"海螺 V"现场作业照片

8.3.3　水下结构服役状况评估

8.3.3.1　水下地形数据处理

（1）处理流程

多波束测深数据处理过程是在 Caris Hips & Sips 软件中进行，具体流程如下：基于校准计算的参数创建船型文件，输入多波束声学中心、吃水线和 IMU 参考点之间的相对位置信息，并利用该船型文件新建工程文件，再将原始观测数据导入创建工程，在完成导航数据、姿态数据、航向数据、水深数据等编辑后，分别进行声速剖面改正和水位改正，在此基础上进行条带水深转换计算，在定义好测区地图参数后进行水深网格化，根据网格模型将水深数据分子区进行编辑，完成海床表面网格模型，最后基于此模型导出所需比例尺的水下地形测点数据。具体多波束测深数据处理流程如图 8.88 所示。

（2）校准计算

根据方案设计中的多波束校准流程进行多波束校准计算。以横摇计算为例，该参数校准计算过程如图 8.89 所示。

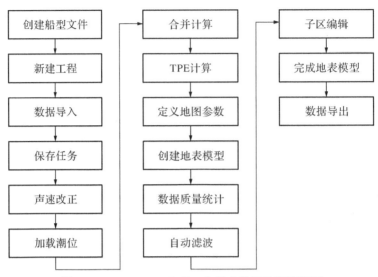

图 8.88　Caris Hips & Sips 多波束数据处理流程图

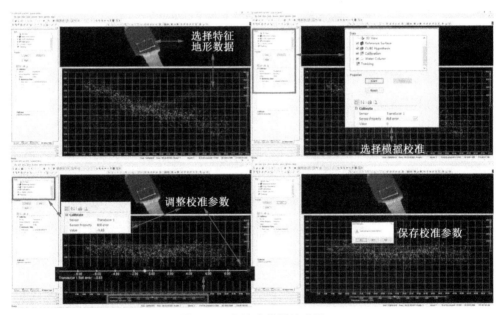

图 8.89　多波束横摇校准图

（3）水深滤波处理

将后处理航行姿态数据、后处理误差数据、延时涌浪数据导入 Caris Hips & Sips 软件后，使用校准参数修改船型文件，导入声速剖面数据，对采集的数据进行 GPS 水位计算、数据合并及总传播误差精度计算。根据采集数据特征，合理选择滤波器设置，部分多波束水深数据滤波处理可参见图 8.90。

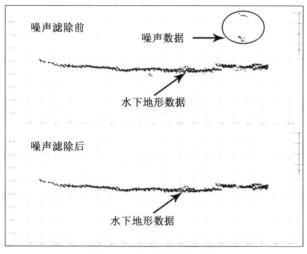

图 8.90　多波束数据滤波

（4）数据导出和成果整编

数据导出需基于网格化的水深进行，因此首先基于多波束条带水深完成水深数据网格化。根据实际测量比例尺要求，数据测点按所需间隔以单元网格内取平均值（Mean）方式导出。

（5）单波束、多波束数据对比统计

为保证多波束测深精度，对采集的垂直于多波束测线的单波束检查线数据处理，并根据比对结果评价其是否符合规范要求。

8.3.3.2　陆域结构点云处理

使用 RiSCAN PRO 软件对三维点云数据进行处理。在处理前要进行数据的检查，对于定位精度不达标的数据，需对其定位数据进行后处理。利用 Trimble Business Center 软件解算出符合精度要求的定位数据，输入到点云处理软件中更新原始定位数据，保证激光扫描数据的定位精度。激光扫描数据处理时，先进行激光点云去噪，通过设立滤波模型及人工干预，将测量数据中的噪声数据、超出测区范围数据及无效数据删除，然后进行精细化处理。

在激光数据去噪、数据匹配、特征物提取等流程完成后，进行激光数据格网化按需求建立格网后，输出测量区域地物的三维坐标。

8.3.3.3　水下结构精细探测结果处理

根据现场作业记录回放摄像文件，根据相对位置、几何信息及特征确定站点相对位置。利用 RiSCAN PRO 软件对水下三维点云进行去噪、拼接，通过人工配准将水下点云数据与水下地形数据、陆域三维激光点云进行拼接，整体呈现测区地形地貌。

图 8.91　多源数据融合数据渲染图

通过对滴水湖大桥开展水下地形数据获取、桥墩水上结构测量、涉水部分结构精细探测等工作，综合评估大桥桥墩结构外观良好。

8.4　　　　　　　　　　　　　小结

传统的桥梁水下结构检测主要依靠视觉完成，通过潜水员在水下进行人工探摸并辅助以水下摄像头，传输水下结构状况，由岸上人员记录病害特征。但水下环境复杂多变，水下探摸受环境、天气和工具等因素影响，无法快速准确评估水下结构服役状况。如本章中扬中大桥由潜水员水下探摸检测，但受环境和工具等条件限制，只能对重点部位实施检测，而且判断往往也凭个人经验，缺乏准确性。潜水员下水准备周期长，工作时间短，检查成本高，尤其还需要充分考虑人员安全状况，所以对于一些突发性或者具有危险性的检测工作，很难及时处理问题。

水下机器人是近年来快速发展的应用技术，可作为水下检测平台搭载相应的水下检测仪器设备，高效完成水下结构检测任务，目前较为常用的是有缆遥控水下机器人。水下机器人具有灵活性强、作业时间长、深度广等优点。目前常见的成像技术按照成像原理分为声学成像和激光成像。在某跨海大桥和滴水湖大桥探测中，分别搭载声呐系统和三维激光成像系统，获取水下地形数据，合成所检测区域三维影像，直观反映水下基础的缺陷及特征。

水下探摸、水下摄影、水下机器人探测是现在较为成熟的技术手段，但在现场实际使用过程中都存在一定的局限性。水下探摸和水下摄影受水质影响较大，浑浊的水质影响了最终成像的质量；声呐成像会受到声波辐射特性和环境噪声的影响，生成的图像边缘和外形不规则，易出现目标被遮挡或图像边缘残缺等现象。因此，在实际工程应用时，应充分调研现场情况，选取最合适的检测方案。

附录　桥梁基础水下检测评估指南

桥梁水下结构质量直接关系到结构物的耐久性和安全性，对桥梁的安全运营至关重要。水下结构病害检测技术能够了解和掌握水下结构物当前状态，为桥梁安全状况提供理论依据和数据支撑。

本指南在充分调研水下结构主要病害及常用检测方法的基础上，提出桥梁水下结构病害检测方法，为检测作业提供规范的指导和建议，确保检测的质量及评估结果。

本指南规定了桥梁水下结构现场检测的内容、技术方法和技术状况评定的具体要求，以及从事水下结构现场检测活动应遵守的特殊规则。

1　范围

本指南规定了桥梁水下结构检测项目及检测方法、仪器、频率。

本指南适用于各等级公路桥梁水下结构构件的检测。

2　规范性引用文件

下列文件对于本文件的应用是必不可少的。凡是注日期的引用文件，仅注日期的版本适用于本文件。凡是不注日期的引用文件，其最新版本（包含所有的修改单）适用于本文件。

GB 26123—2010 空气潜水安全要求

GB/T 36896.1—2018 轻型有缆遥控水下机器人　第 1 部分：总则

CJJ 99—2017 城市桥梁养护技术标准

CJJ/T 233—2015 城市桥梁检测与评定技术规范

JTG 5120—2021 公路桥涵养护规范

JTG/T H21—2011 公路桥梁技术状况评定标准

T/CECS G：J56—2019 公路桥梁水下构件检测技术规程

3 术语和定义

3.1 桥梁水下结构 underwater structure of bridge

桥梁处于常水位以下的结构,如水中桥墩、桥台、基础及防撞设施等。

3.2 桥梁水下结构检测 underwater inspection of bridge structure

为查明桥梁水下结构缺损程度而进行的检测。

3.3 桥梁基础冲刷、淘空 scour and cavern of bridge foundation

在水流作用下,基础周围埋置物被冲刷淘空的现象。

3.4 有缆遥控水下机器人 remotely operated vehicle(ROV)

通过脐带缆进行信号和电力传输,在水下可自动定向、定深、悬浮或航行,通过水面控制单元被遥控进退、横移、转向或升沉,进行水下观察、检查和/或作业的遥控无人潜水器。

3.5 测深仪 water depth measuring instrument

测量水深的仪器或装置。

3.6 三维成像声呐 3D imaging sonar

利用声波对水下目标进行成像的设备。

4 检测目的

4.1 总则

桥梁水下结构检测的目的是检查诊断水下结构缺陷情况,了解和掌握结构的历年发展和变化趋势,以便针对性制定维护养护计划,从而保证桥梁结构的安全。

4.2 目的

检测工作的目的主要包括以下几个方面:

(1)检查水下结构在结构设计制造阶段或服役后由于种种因素产生的缺陷,确定它们的部位和破损程度,评估缺陷对结构使役性的影响;

(2)为水下结构安全评估提供真实、可靠的检测数据;

(3)检测原设计的合理性,为设计人员提供有价值的反馈信息;

(4)为优化维修方案、加固方案等提供依据。

5 检测原则

5.1 总则

桥梁水下结构的检查是为了系统地掌握桥梁水下构件的技术状况，较早地发现隐蔽病害和异常情况，提出养护措施，保证行车安全，延长其使用寿命，可将桥梁水下结构检查分为三类，分别是经常检查、潜水检查和特殊检查。

5.2 经常检查

经常检查是一般性水下结构普查。按照桥梁水下结构的技术状况，每 1～3 个月检查一次，检查以目测为主，必要时可以配合吊锤或竹竿等简单工具进行量测、探测，对桥梁墩台、基础进行扫视检查。经常检查的目的是保证桥梁结构功能正常，让多数简单易处理病害得以及时处理，尽可能发现重大病害问题并作出报告。在诸如大风、暴雨和洪水、浮冰等特殊自然现象发生后，还要进行扩大的日常检查，以了解桥梁水下结构在特殊环境下的技术状况。

5.3 潜水检查

潜水检查是通过潜水员或者水下机器人，按照一定的周期开展的桥梁水下结构系统检查。通过桥梁水下结构的定期潜水检查，建立桥梁管理和养护档案，对结构的质量安全状况作出评价，评定桥梁结构的技术状况，优化改进工作和特殊检查需求，确定水下结构维修养护内容。

5.4 特殊检查

特殊检查主要有应急检查和专门检查两种不同的形式。应急检查是在桥梁结构遭受突发性自然灾害或人为事故后，立即作出详细检查，以评定桥梁质量安全状态的检查。专门检查区别于常规检查手段，对桥梁结构部件进行专项检查（如冲刷淘空、断面测量、水下混凝土保护层、强度等），其目的是找出结构缺损或病害的产生原因、程度和位置，并对结构缺陷或病害可能给桥梁结构带来的潜在危险进行分析，为桥梁质量评定和加固计划提供切实依据。

桥梁水下结构通常在以下几种状况下需要进行特殊检查：

（1）在常规检查中较难判断桥梁病害程度或病害发生原因的；

（2）需要通过维修或加固提高桥梁承重等级时；

（3）在自然灾害或人为损坏对桥梁结构造成破坏的情况时；

（4）需要使用特殊设备对桥梁技术状况进行详细检查时。

6 检测计划

6.1 总则

桥梁水下结构应制定长期检测工作大纲和作业计划，包括经常检查、潜水检查和特殊检查。

6.2 检测大纲

检测大纲是用于指导在一个规定的周期内制定检测作业计划并实施的文件。长期检测大纲的周期应不超过五年。

检测大纲至少应由以下内容组成：

（1）检测项目（范围）的说明；

（2）每个检测项目的检验类型；

（3）每个检测项目所用的手段、方法和装备；

（4）检测的频率和时间进度表；

（5）如果有重大发现和/或发生偏离检测作业计划的情况下所采取的措施；

（6）检测机构的描述。

6.3 检测作业计划

6.3.1 制定依据

检测作业计划应至少基于以下内容进行制定：

（1）检测大纲；

（2）相关技术标准、规程、法规等；

（3）委托单位提出的检测要求；

（4）被检测对象的背景材料，包括结构的设计资料、施工资料、历次检测的记录报告，缺陷及修补情况；

（5）被检桥梁所处水域的环境资料，包括水深、水温、风浪、流向、季节、水质等。

6.3.2 计划内容

检测作业计划直接指导检测工作的实施，至少应包括以下内容：

（1）检测内容、范围、要求、环境说明、注意事项等，包括水下工作方式（潜水员或水下机器人）、安全工作方案、照明供电、通信系统、录像监督系统等；

（2）标明检测对象、类型、项目、设备和作业进度计划表；

（3）所要求的检测设备、辅助设备及安全保障系统的清单及应急预案；

（4）作业人员名单、职责分配与资格证书。

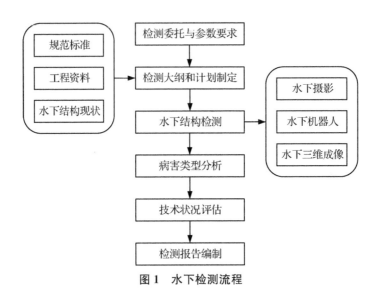

图 1　水下检测流程

7　检测内容

7.1　总则

检测内容的制定应以桥梁水下结构的基础情况为基础，侧重易发生缺陷破坏的区域。

7.2　表观缺陷

结构的表观缺陷检测内容主要包括：

（1）混凝土结构包括构件的剥落、露筋、钢筋锈蚀、空洞、孔洞、冲蚀、腐蚀、裂缝等；

（2）圬工结构包括砌体破损剥落、松动、变形、裂缝、灰缝脱落等；

（3）钢结构包括构件涂层劣化、锈蚀焊缝开裂、裂缝、螺栓缺失等。

7.3　基础冲刷及淘空

测量基础冲刷及淘空区域。

7.4　河床断面测量

通过水位观测和推算，获得水底高程。

8 检测技术方法

8.1 总则

水下检测技术根据检测仪器设备，分为水下摄影技术、水下机器人技术和水下三维成像技术。水下检测作业时根据不同的工作环境选择检测方法。

8.2 水下摄影技术

水下摄影技术由潜水员本人携带水下摄像系统和辅助工具（磁铁、铲刀、卷尺等），对水下结构进行外观检查和缺陷测量，以了解结构构件的损坏、变形、基础冲刷等情况。水下摄像系统一般由摄像头、清水箱、显示器、照明灯、通信和辅助设备等组成。潜水员在水下行走过程中随时报告路线、方位及缺陷情况，出水后立即同记录人员核对，以便及时纠正错误的记录。

水下桩基绝大部分为圆柱形桩基，因此病害的位置描述采用时钟法，即以桥梁大桩号方向为零点钟方向，以时钟的刻度表示病害的位置。

8.3 水下机器人技术

由于潜水员水下作业需要供氧设备，前期准备工作较长，且在潜水深度及潜水时长上有限制，每隔一段时间需要出水休息，因此效率较低。采用水下机器人方法无需供氧，不受检测深度限制，适应性更广。机器人检测水下桩基时，先将桩基外表面划分若干条等距垂直测线，由机器人携带水下摄像机下水，操作人员在电脑系统中设置好水下机器人与桩基之间的间隔距离，如发现病害，水下机器人立即启用悬停功能对病害进行详细拍摄。

8.4 水下三维成像技术

水下三维成像技术为多波束测深系统与水下机器人联合探测，以面积普查与局部详查相组合的方式进行探测，全面了解探测区水底地形情况，准确、直观地判读水底情况。

采用多波束探测系统对探测区进行全覆盖扫描，了解探测区水底整体情况，初步判断异常的空间分布情况。

以多波束测深成果为基础，使用水下机器人对探测区内的各个异常点或者存在疑问的区域逐一进行详查，进一步探查确认水底地形地貌、水下结构的表观破损、裂缝、露筋等情况的空间分布，以及表面淤积情况及性质。

综合水下三维成像技术以及水下普通成像技术的探测成果，对圈定的异常位置进行分析，最终确定水底地形地貌、水下结构的表观缺陷或淤积层的规模、类型、深度等参数，并进行综合展示，为后期的工作部署及施工处理提供依据。

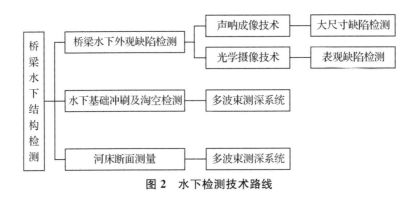

图 2 水下检测技术路线

9 桥梁水下结构技术状况评估

9.1 桥梁水下结构病害分级评定

通过确定桥梁水下结构病害的分级评定标准，对桥梁结构安全性作出准确评估。

9.1.1 水下病害分类

（1）基础冲刷病害

处于水流中的桥梁基础周围流场主要包括桥墩前涌波、桥墩迎水面的下降水流、两侧扰流在床面附近形成的马蹄形漩涡、桥墩两侧形成的尾流漩涡及桥墩后的漩涡。每个漩涡都形成了一个低气压中心，使漩涡区床面静止的泥沙发生阵发性随机运动，当水流流速达到泥沙起动流速时，泥沙就开始起动并向下游移动，导致基础冲刷病害。

桥梁常采用的基础分为扩大基础及桩基础。采用扩大基础结构的桥梁，基础持力层一旦受到水流冲刷淘空，对于桥梁结构安全性影响非常大。桩基础分嵌岩桩和摩擦桩，冲刷对嵌岩桩承载力影响不大。采用摩擦桩基础的桥梁，桩基础受到局部冲刷将使得原有摩擦桩有效桩长变短，降低了原有桩基础的承载力。

（2）基础变形病害

桥梁水下基础底面河床在发生持续冲刷、淘空作用下，基础持力层发生改变，将导致基础倾斜、滑移或沉降，一旦桥梁基础发生变形，对于连续梁、连续刚构桥、拱桥这一类超静定结构，即使少量的基础变形仍会对桥梁整体受力产生很大不利影响，严重影响桥梁结构的整体安全性。此外，在巨大偶发性外力荷载作用下，如船舶撞击桥梁下部结构，质量较大的浮冰、漂流物撞击桥墩或基础，都可能产生基础变形病害。

（3）混凝土表面病害

常见水下混凝土结构表面病害有以下几类：

① 干湿交替处混凝土表面麻面、骨料外露和疏松脱壳等病害。主要因高速水流冲刷、淘刷、磨损和气蚀作用形成，常发生在河流急弯、结构物断面突变及不平整部位。

② 混凝土表面空洞、露筋、缩径、扩径等病害。其往往是施工原因所致，若桥梁建完后在上游新建水电站将引起水文重大变化，导致河床变迁或降低，使得原来埋在河床以下的基础及基础病害暴露出来，对结构安全性、耐久性影响较大。

③ 混凝土表面成块破损、刮擦等病害，甚至导致构件倾斜。病害往往是由机械、船舶、漂流物或其他坚硬物体撞击所造成的。病害常见部位为桥墩、承台或基础等部位。

④ 水下混凝土结构物表层裂缝对结构构件的损坏。特别是近海或沿海地区，桥梁水下钢筋混凝土易受海水侵蚀而破坏，因此，海洋环境中的建筑物腐蚀程度大于陆上建筑物。

⑤ 近海或沿海水下混凝土表面易滋生众多海生物，使混凝土发生腐蚀，对于结构安全性有一定影响。

⑥ 冻融、风化剥蚀使混凝土表面疏松脱壳或成块脱落。主要成因是严寒地区的冰冻、干湿交替的循环作用及侵蚀性水的化学作用。常发生在水位变化及水经常接触的部位。

（4）其他病害

设计时基础结构型式、尺寸选取不合理，及未按要求设置调治构造物，这对桥梁整体结构安全性均会产生不利影响。此外，由于水下基础施工质量较难控制，施工时立柱与桩基错位，也会影响结构受力。

9.1.2 水下病害分级评定

根据桥梁水下结构常见病害类别及其产生原因，同时结合现有技术规程，将桥梁水下结构各检测指标的病害分级标准定为良好、较好、较差、差和危险五种状态，对应的评定标度分别为 1、2、3、4、5。

（1）基础冲刷病害

不同基础（扩大基础、摩擦桩基础、嵌岩桩基础）受冲刷时对桥梁结构安全性影响不同，按三种基础类型将基础冲刷病害评定标准各分为 5 度，评定标准按照定性描述和定量描述，见附表 A-1～A-3。

（2）基础变形病害

基础变形指标较难以量化反映，将基础变形病害评定标准分为 5 度，基础变形病害按定性描述见附表 A-4。

（3）混凝土构件表面病害

桥梁基础构件的表面病害细分为混凝土剥落、露筋、冲蚀、裂缝等评定指标，再分别确定其标度。而在实际桥梁结构安全性评定工作中，采用该评定方法有可能由于各构件表面病害的分项评定指标分别扣分后，造成整体结构评定扣分较多，而与实际桥梁结构安全性状态不符的情况。考虑到上述几种评定指标都属于构件表面病害，同时这几种评定指标对结构安全性影响基本相同，因此可将这几种评定指标归纳为构件表面病害来统一进行评定。由于某一标度存在多条评定标准细则，实际操作时按所有细则中最不利细则取用。采用该评定方法可更为准确地反映桥梁结构安全状态，同时也便于实际桥梁的安全性评定。混凝土构件表面病害评定标准见附表 A-5。

（4）其他病害

基础其他病害评定标准分为 4 度，其他病害评定标准按定性描述见附表 A-6。

9.1.3　技术状况评估

桥梁水下结构构件的服役状况评分按式（9.1）计算

$$\mathrm{WMCI}_l = 100 - \sum_{x=1}^{k} U_x \qquad (9.1)$$

当 $x=1$ 时

$$U_1 = \mathrm{DP}_{i1}$$

当 $x \geqslant 2$ 时

$$U_x = \frac{\mathrm{DP}_{ij}}{100 \times \sqrt{x}} \times \left(100 - \sum_{y=1}^{x-1} U_y\right)$$

$$(其中 j=x，x 取 2，3，\cdots，k)$$

当 $k \geqslant 2$ 时，U_1，U_2，$\cdots$，U_x 公式中的扣分值 DP_{ij} 按照从大到小的顺序排列。

当 $\mathrm{DP}_{ij} = 100$ 时

$$\mathrm{WMCI}_l = 0$$

式中：　WMCI_l——水下结构第 i 类部件 l 构件的得分，值域为 0～100 分；

k——第 i 类部件 l 构件出现扣分的指标的种类数；

U、x、y——引入的变量；

i——部件类别；

j——第 i 类部件 l 构件的第 j 类检测指标；

DP_{ij}——第 i 类部件 l 构件的第 j 类检测指标的扣分值。

DP_{ij} 根据水下构件各种检测指标扣分值进行计算，扣分值按附表 B-1 规定取值。

桥梁水下结构部件的服役状况评分按式（9.2）计算

$$WCCI_i = \overline{WMCI} - \frac{(100 - WMCI_{min})}{t} \qquad (9.2)$$

式中：　$WCCI_i$——水下结构第 i 类部件的得分，值域为 $0\sim100$ 分；当水下结构中的主要部件某一构件评分值 $WCCI_l$ 在 $[0, 60)$ 区间时，其相应的部件评分值 $WCCI_i = WMCI_l$；

$\overline{WMCI}$——水下结构第 i 类部件各构件的得分平均值，值域为 $0\sim100$ 分；

$WMCI_{min}$——水下结构第 i 类部件中分值最低的构件得分值；

t——随构件的数量而变的系数，见附表 B-2。

桥梁水下结构的服役状况评分按式（9.3）计算

$$SWCI = \sum_{i=1}^{m} WCCI_i \times W_i \qquad (9.3)$$

式中：$SWCI$——桥梁水下结构服役状况评分，值域为 $0\sim100$ 分；

m——水下结构的部件种类数；

W_i——第 i 类部件的权重，按附表 B-3 规定取值，对于桥梁中未设置的部件，将其权重值分配给各既有部件，分配原则按照各既有部件权重在全部既有部件权重中所占比例进行分配。

桥梁水下结构服役状况分类界限按附表 B-4 确定，表中 D_w 为桥梁水下结构技术状况等级。

10　检测报告编制

10.1　检测报告要求

检测报告应结论明确、用词规范、文字简练，对于容易混淆的术语和概念，以文字解释或图例、图像、图表说明。

10.2 检测报告内容

桥梁水下结构检测完成后应提交检测报告，检测报告包括下列内容：

（1）项目概况，包括工程名称、桥梁建成时间、道路等级、设计荷载、桥梁结构型式、水下构件基本情况、所处水域环境及现状、上次水下构件检测时间及主要病害等；

（2）检测目的、范围、项目、依据和方法；

（3）检测机构、人员、仪器和设备；

（4）水下构件编号、记录规则；

（5）各检测项目的检测数据和结果汇总，包括典型病害的照片、文字说明及分布图，表观缺陷检测结果统计表，河床断面图；

（6）与以往检测数据和结果对比分析，说明病害成因及发展变化情况；

（7）对桥梁水下结构技术状况作出综合评价，并提出维修养护建议。

附录 A　病害分级评定标准

表 A-1　桥梁扩大基础冲刷、淘空

标度	评定标准	
	定性描述	定量描述
1	无冲刷、淘空	—
2	基础无明显冲蚀现象	—
3	基础局部冲蚀，部分外露，未露出基底	基础淘空面积≤10%
4	浅基被冲空，露出底面，冲刷深度大于设计值	基础淘空面积>10%且≤20%
5	冲刷深度大于设计值，地基失效，承载力降低，或桥台岸坡滑移或基础无法修复	基础淘空面积>20%

表 A-2　桥梁摩擦桩基础冲刷、淘空

标度	评定标准	
	定性描述	定量描述
1	桩基完好，基础无冲刷淘空	—
2	桩基无明显外露，基础无明显冲蚀现象	—
3	桩基础局部冲蚀，桩身部分外露	桩基础外露长度≤10%
4	桩基础局部冲蚀，桩身外露	桩基础外露长度>10%且≤20%
5	桩基础冲蚀明显，桩身外露，桩基础承载力降低较多	桩基础外露长度>20%

表 A-3　桥梁嵌岩桩基础冲刷、淘空

标度	评定标准	
	定性描述	定量描述
1	桩基完好，基础无冲刷淘空	—
2	基础局部冲蚀，桩身部分外露	—

注：嵌岩桩基础冲刷对于承载力影响很小，标度设为1、2两度。

表 A-4　桥梁基础沉降、滑移和倾斜

标度	评定标准
	定性描述
1	完好
2	—
3	出现轻微下沉、滑移或倾斜，基础变形发展缓慢或趋于稳定；导致支座和墩台支承面轻微损坏，或导致伸缩装置破坏、接缝减小、伸缩机能受损
4	出现下沉、滑移或倾斜，基础变形小于或等于规范值；导致支座和墩台支承面严重破坏，或导致伸缩装置破坏、接缝减小、伸缩机能完全丧失
5	基础不稳定，沉降、滑移或倾斜现象严重；变形量大于规范值；导致上部结构或构件变形过大

表 A-5　桥梁水下混凝土构件表面病害

标度	评定标准
1	① 基本上完好无损，构件表面无附着物 ② 混凝土表面无剥落、冲蚀，无明显裂缝
2	① 构件表面有部分附着物，近海或沿海构件海生物覆盖面积≤50％ ② 有部分剥落、蜂窝、麻面和露筋，个别部位表面磨耗，粗骨料显露，累计面积≤5％ ③ 少量裂缝，缝宽在限制范围内，缝长≤截面尺寸的1/3
3	① 构件表面有附着物，近海或沿海构件海生物覆盖面积＞50％ ② 出现较多剥落、蜂窝、麻面和露筋，较大范围表面磨耗，粗骨料显露，累计面积＞5％且≤10％ ③ 出现剪切裂缝，缝宽在限制范围内，缝长＞截面尺寸的1/3且≤截面尺寸的1/2
4	① 构件表面有大量附着物，近海或沿海构件海生物密布 ② 大范围出现剥落、蜂窝、麻面和露筋，表面磨耗严重，粗骨料显露，累计面积＞10％且≤20％ ③ 出现较多剪切裂缝，缝宽超出限值，缝长＞截面尺寸的1/2
5	① 构件表面有大量附着物，近海或沿海构件海生物满布，严重影响基础受力 ② 大量剥落、露筋且主筋有锈断现象，混凝土大量缺失，基础承载力不足 ③ 出现结构性裂缝，裂缝贯通甚至断裂

表 A-6 其他病害

标度	评定标准
	定性描述
1	① 河道无漂流物，河床稳定，河床无变迁 ② 调治结构物无破损 ③ 结构型式选取合理，立柱与桩基对齐
2	① 河道局部有少量漂流物，河床局部轻微淤积 ② 调治构造物轻微破损 ③ 结构型式选取合理，立柱与桩基偏差较小，偏差距离≤1/20 构件尺寸
3	① 河道多处有漂流物，阻塞河道；河床淤泥严重，河床有变迁趋势 ② 调治构造物大面积损害 ③ 立柱与桩基偏差较大，偏差距离>1/20 构件尺寸且≤1/10 构件尺寸
4	① 河道有大量漂流物，河道完全阻塞；河床已变迁，并有发展趋势 ② 未按要求设置调治构造物 ③ 立柱与桩基偏差严重，偏差距离>1/10 构件尺寸

附录 B 技术状况评分标准

表 B-1 水下构件各检测指标扣分值

检测指标所能达到的最高标度类别	指标标度				
	1类	2类	3类	4类	5类
2类	0	15	—	—	—
3类	0	20	35	—	—
4类	0	25	40	50	—
5类	0	35	45	60	100

附表 B-1 中检测指标所能达到的最高标度 3 类、4 类、5 类的构件扣分值与《公路桥梁技术状况评定标准》（JTG/T H21—2011）扣分值相同。对于嵌岩桩结构，由于基础冲刷对承载力影响很小，最高标度类别设为 2 类，根据最高标度 3 类、4 类、5 类的 2 类构件扣分趋势，并结合 CJJ 99 下部结构基础评分等级、扣分值，最后确定 2 类指标标度的扣分值为 15 分。

表 B-2 t 值

n（构件数）	t	n（构件数）	t	n（构件数）	t	n（构件数）	t
1	∞	11	7.9	21	6.48	40	4.9
2	10	12	7.7	22	6.36	50	4.4
3	9.7	13	7.5	23	6.24	60	4.0
4	9.5	14	7.3	24	6.12	70	5.6
5	9.2	15	7.2	25	6.00	80	5.2
6	8.9	16	7.08	26	5.88	90	2.8
7	8.7	17	6.96	27	5.76	100	2.5
8	8.5	18	6.84	28	5.64	≥200	2.3
9	8.3	19	6.72	29	5.52		
10	8.1	20	6.6	30	5.4		

注：① n 为第 i 类部件的构件总数；
② 表中未列出的 t 值采用内插法计算。

表 B-3　水下结构各部件权重值

基础型式	类别 i	评价部件	权重
桩基础	1	立柱	0.45
	2	承台与桩基	0.42
	3	河床	0.10
	4	调治构造物	0.03
扩大基础	1	水下墩身	0.45
	2	扩大基础	0.42
	3	河床	0.10
	4	调治构造物	0.03

表 B-3 水下结构各部件权重值的确定按照 JTG/T H21—2011 中梁式桥、拱式桥、斜拉桥下部结构各部件权重值，将该表中未考虑的部件权重值分配给各既有部件，分配原则根据各既有部件权重在全部既有部件权重中所占比例进行分配。表中的立柱、承台与桩基、水下墩身、扩大基础分别与 JTG/T H21—2011 中的桥墩、基础、桥墩、基础对应，可计算得到承台与桩基合并在一起的桩基础及扩大基础型式的水下结构部件权重值。

表 B-4　水下结构服役状况分类界限表

水下结构服役状况评分	水下结构服役状况等级 D_w				
	1 类	2 类	3 类	4 类	5 类
SWCI	[95，100]	[80，95)	[60，80)	[40，60)	[0，40)

本指南用词说明

1. 为便于在执行本标准条文时区别对待，对要求严格程度不同的用词说明如下：

（1）表示很严格，非这样做不可的用词：

正面词采用"必须"；

反面词采用"严禁"。

（2）表示严格，在正常情况下均应这样做的用词：

正面词采用"应"；

反面词采用"不应"或"不得"。

（3）表示允许稍有选择，在条件许可时首先应这样做的用词：

正面词采用"宜"；

反面词采用"不宜"。

表示有选择，在一定条件下可以这样做的用词，采用"可"。

2. 标准中指定应按其他有关标准、规范执行时，其写法为："应符合……的规定"或"应按……执行"。

参考文献

[1] 程志虎，蒋安之. 第八专题 水下无损检测技术的发展 [J]. 无损检测，1998 (8)：232－235，240.

[2] 蒋安之，程志虎. 第六专题 遥控潜水器检测技术 [J]. 无损检测，1998 (6)：172－176.

[3] 程志虎. 第二专题 水下目视检测技术：（三）水下电位测量技术 [J]. 无损检测，1998 (2)：56－58.

[4] 蒋安之，程志虎. 第二专题 水下目视检测技术：（二）水下摄影与电视摄像技术 [J]. 无损检测，1998 (1)：20－23.

[5] 程志虎，王怡之. 第四专题 水下超声波检测技术 [J]. 无损检测，1998 (4)：116－120.

[6] 程志虎. 第一专题 水下无损检测技术综述：（一）对象、目的与方法 [J]. 无损检测，1997 (9)：266－269.

[7] 王俊荣. 海洋平台结构物损伤检测与模型修正方法研究 [D]. 青岛：中国海洋大学，2009.

[8] 陈勋. 水下结构表观缺陷检测技术及系统集成研究 [D]. 哈尔滨：哈尔滨工业大学，2010.

[9] 郭伟. 水下监测系统中目标探测若干关键技术研究 [D]. 长沙：国防科技大学，2011.

[10] 周拥军，寇新建. 基于高分辨率扇面扫描声呐影像的水下测量 [J]. 工程勘察，2009，37 (8)：67－71.

[11] 张彦，李国平. 海洋环境对桥梁下部结构的影响 [J]. 海岸工程，2006，25 (1)：35－40.

[12] 何晓阳，项贻强，邢骋. 混凝土桥梁下部结构病害分析与加固 [J]. 重庆交通大学学报（自然科学版），2013，32（增刊1）：807－811，822.

[13] 付传宝，叶家玮，刘愉强. 扫描声呐探测桥墩水下结构的方法与实例分析

[J]. 西部交通科技，2007 (1)：52-54，87.

[14] 陈亮. 桥梁水下结构病害分级评定标准研究 [J]. 浙江交通职业技术学院学报，2014，15 (3)：10-15.

[15] 徐建勇，潘骁宇，李尚，等. 基于 ANFIS 的桥梁水下结构状态评估系统开发研究 [J]. 公路交通技术，2016，32 (5)：73-78.

[16] 陈阳，潘骁宇，李尚，等. 桥梁水下混凝土结构状态评价研究 [J]. 公路交通技术，2016，32 (5)：79-85.

[17] Tyce R C. Deep seafloor mapping systems-A review [J]. MTS Journal，1986，20 (4)：4-16.

[18] 吴英姿. 多波束测深系统地形跟踪与数据处理技术研究 [D]. 哈尔滨：哈尔滨工程大学，2001.

[19] 李家彪. 多波束勘测原理技术与方法 [M]. 北京：海洋出版社，1999.

[20] Monteiro P J M，Geng G Q，Marchon D，et al. Advances in characterizing and understanding the microstructure of cementitious materials [J]. Cement and concrete research，2019，124：105806.

[21] Taylor H F W. Cement chemistry [M]. 2nd Edition. London：Thomas Telford Publishing，1997.

[22] 孔祥芝，陈改新，纪国晋. 大坝混凝土渗透溶蚀试验研究 [J]. 混凝土，2013 (10)：53 56，75.

[23] 王少伟，徐应莉，徐丛. 基于数值模拟的混凝土坝渗透溶蚀劣化时空特征 [J]. 水电能源科学，2021，39 (1)：87-91.

[24] 王志良，张跃，申林方，等. 考虑微观结构影响的混凝土界面过渡区裂隙渗流-溶蚀耦合模型 [J]. 工程力学，2021，38 (6)：133-142.

[25] 汤玉娟，左晓宝，殷光吉，等. 加速溶蚀条件下铸铁管内衬水泥砂浆的孔结构演变规律 [J]. 建筑材料学报，2017，20 (2)：239-244，250.

[26] 汤玉娟. 溶蚀与氯盐侵蚀下水泥基材料的失效机理及性能评估 [D]. 南京：南京理工大学，2019.

[27] 杨启贵，谭界雄，周晓明，等. 关于混凝土面板堆石坝几个问题的探讨 [J]. 人民长江，2016，47 (14)：56-59，89.

[28] 中交第一公路勘察设计研究院有限公司. 公路桥涵养护规范：JTG 5120—2021 [S]. 北京：人民交通出版社，2021.

［29］交通运输部公路科学研究院. 公路桥梁技术状况评定标准：JTG/T H21—2011［S］. 北京：人民交通出版社，2011.

［30］北京市政路桥管理养护集团有限公司. 城市桥梁养护技术标准：CJJ 99—2017［S］. 北京：中国建筑工业出版社，2018.

［31］安徽省交通科学研究院. 内河水下工程结构物检测与评定技术规范　第 3 部分：船闸部分：DB34/T 4307.3—2022.［S］. 2022.

［32］安徽省交通科学研究院. 内河水下工程结构物检测与评定技术规范　第 1 部分：桥梁部分：DB34/T 4307.1—2022.［S］. 2022.

［33］安徽省交通科学研究院. 内河水下工程结构物检测与评定技术规范　第 2 部分：港口部分：DB34/T 4307.2—2022.［S］. 2022.

［34］中国水利水电科学研究院. 水工混凝土建筑物缺陷检测和评估技术规程：DL/T 5251—2010［S］. 北京：中国电力出版社，2010.